农作物病虫害绿色防控技术丛书

农作物害虫食源诱控技术

NONGZUOWU HAICHONG SHIYUAN YOUKONG JISHU

全国农业技术推广服务中心　组编

杨普云　李　萍　王立颖　肖　春　主编

U0395254

中国农业出版社

图书在版编目（CIP）数据

农作物害虫食源诱控技术／杨普云等主编；全国农业技术推广服务中心组编．—北京：中国农业出版社，2018.3
（农作物病虫害绿色防控技术丛书）
ISBN 978-7-109-23965-4

Ⅰ．①农…　Ⅱ．①杨…②全…　Ⅲ．①作物－病虫害防治　Ⅳ．①S435

中国版本图书馆CIP数据核字（2018）第044199号

中国农业出版社出版
（北京市朝阳区麦子店街18号楼）
（邮政编码　100125）
责任编辑　阎莎莎　张洪光

中国农业出版社印刷厂印刷　　新华书店北京发行所发行
2018年3月第1版　　2018年3月北京第1次印刷

开本：880 mm×1230 mm　1/32　印张：3.75
字数：89千字
定价：26.00元
（凡本版图书出现印刷、装订错误，请向出版社发行部调换）

主　　编　杨普云　李　萍　王立颖　肖　春

编写人员

全国农业技术推广服务中心：

杨普云　李　萍　朱景全　朱晓明　任彬元

深圳百乐宝生物农业科技有限公司：

王立颖　苏　敏　李晶晶　刘　震　Alan Cork

云南农业大学植物保护学院：

肖　春　胡纯华

云南省石屏县农业局：

蒋少昆

云南省石屏县科学技术局：

何丽英

序
PREFACE

推广绿色防控技术是确保粮食丰收、农民增收和农产品质量安全的有效途径，是优化农产品供给、促进农业提质增效，推进现代农业绿色发展和生态文明建设的重要举措。自2006年农业部提出"公共植保、绿色植保"理念以来，我国植保科研、教育和推广体系大力开发和应用农作物病虫害绿色防控技术，成效显著。据统计，全国绿色防控技术采用率已从2012年的12%提高到2017年的27.2%。绿色防控技术的广泛采用，不仅高效控制了重大病虫为害，还促进了农作物提质增效、农民增收和农业生态环境的改善。

植食性害虫是我国农业有害生物中最重要的类群之一，它们依赖取食寄主植物的茎叶、蜜露、果实等存活和繁衍，高效寻找寄主植物是其种群发展的生物学基础。对昆虫化学通讯机制的研究发现，植食性昆虫主要依靠植物挥发物中的化学信号物质定位寄主。因此，利用靶标害虫特别敏感或偏好的挥发物组合，如挥发性有机物、蛋白质、糖类等可以诱集靶标害虫，进而实现防控害虫的目的。这类技术称之为"农作物害虫食源诱控技术"，经过多年研发已趋于成熟，并逐步走向产业化生产和规模化应用。

应用农作物害虫食源诱控技术及产品防治害虫，具有使用方法简单、省工省力、防控效果显著等优点，可显著减少农药用量并节本增效。农作物害虫食源诱控技术的应用方式，一是使用物理载体（诱捕器）承载诱剂，无任何化学物质接触农作物；二是采用食诱剂中加入农药局部点喷诱杀害虫，直接接触农作物的药量极少，有利于农产品质量安全和生态环境安全。作为一类新型农作物害虫绿色防控技术，农作物害虫食源诱控技术有效地弥补了常规化学防治的缺陷，丰富了害虫防治的技术与方法。

全国农业技术推广服务中心联合中国农业科学院植物保护研究所、云南农业大学、华中农业大学、深圳百乐宝生物农业科技有限公司等和有关省（自治区、直辖市）及县（市）植保站，于2009—2017年期间，开展了农作物害虫食源诱控技术试验示范与推广应用工作。经过8年的协作攻关，开发了系列应用技术，对柑橘实蝇和棉铃虫等重大害虫的可持续控制发挥了重要的作用。

全国农业技术推广服务中心组织编写的《农作物害虫食源诱控技术》一书，凝练汇编了食源诱控技术的最新成果，详细介绍了果蝇类、实蝇类、盲蝽类和棉铃虫等农作物重要害虫食源诱控技术及产品，图文并茂，技术内容翔实，针对性、适用性和可操作性强，是一本实用的技术指南，特别适用于指导广大农民科学使用农作物害虫食源诱控技术。我相信该书的出版发行，能够有利于更好地传播"绿色植保"理念，推进农作物害虫食源诱控技术的广泛应用并融入绿色防控技术体系，为实现我国农业生产的"农药减量"，促进农业绿色发展和生态文明建设做出贡献。

中国工程院院士 吴孔明

2018年2月1日

前　言 FOREWORD

2009—2017年，全国农业技术推广服务中心联合中国农业科学院植物保护研究所、云南农业大学、华中农业大学、深圳百乐宝生物农业科技有限公司等和有关省（自治区、直辖市）及县（市）植保站，开展了农作物害虫食源诱控技术试验示范与推广应用工作。经过8年的协作攻关，各单位在果蝇、实蝇和棉铃虫等农作物重要害虫食源诱控技术应用方面取得显著进展，极大地推动了我国具有自主知识产权的一系列农作物害虫食源诱控技术与产品的开发与应用。

一些重要农作物害虫的常规防治技术往往存在一些不足。首先某些技术防治成本高，推广受限。如目前大多数发达国家防控果蝇和实蝇类害虫还是按植物检疫害虫处理的要求，采用以化学防治或核辐射雄性不育技术（SIT）等为核心的消灭和根除策略，该策略对防控装备要求高，防控成本高，防控投入巨大，因而无法在发展中国家推广应用。其次是防控效果有限。发展中国家防控果蝇和实蝇类害虫主要采用以化学诱剂或化学农药为主的单农户分散防治策略，致使防治效果有限，果蝇和实蝇类害虫为害日益严重。再次是化学农药的过量使用致使害虫抗药性迅速增强。20世纪70～80年代以来，我国主产棉区广泛使用有机磷类、菊酯类农药防控棉铃虫，最终导致20

世纪90年代棉铃虫在我国连续大暴发。21世纪以来，随着转 *Bt* 基因抗虫棉的种植，棉花上的棉铃虫逐步得到了控制，而其他作物如玉米、小麦和番茄等作物上的棉铃虫依然依赖化学农药来控制，为害也依然严重。

本书所介绍的果蝇、实蝇类和棉铃虫等农作物重要害虫食源诱控技术及产品，与常规防治技术相比，具有以下突出的优势：一是使用方法简单，成本低。使用食源诱控技术，可以免除满田洒药，省工节药，节本增效显著。二是防控效果好，对雌成虫的诱控效果尤其显著。使用食源诱控技术，能够在害虫产卵前诱杀靶标害虫成虫，从而有效降低害虫的发生基数，控制害虫的种群数量。三是对环境友好。害虫食源诱控技术应用过程中，或者使用物理载体（诱捕器）承载食源诱剂，诱剂不直接接触农作物；或者采用点喷等局部施药措施，直接接触农作物的药量极少，不会破坏生态环境。四是与其他防治技术兼容性好，方便多种技术集成应用。

农作物害虫食源诱控技术，作为一类新型农作物害虫绿色防控技术，有效地弥补了常规化学防治的缺陷，近年来随着推广面积越来越大，在部分农作物重大害虫的可持续控制中发挥着越来越重要的作用。当然，我国农作物害虫食源诱控技术的开发与应用尚处于初级阶段，还存在许多不足。从产品多样性方面来看，我国农作物重要害虫食源诱控技术产品还比较单一，选择性少，不能全面满足生产实际的需求；从技术应用体系方面看，农作物重要害虫食源诱控技术多为新开发的技术，与其他绿色防控技术的配套不够，技术集成程度低，尚有待于形成标准化的操作规程。另外，害虫食源诱控技术产品的推广也存在一定的难度。食源诱控技术产品适用于大面积连片农业生产区，小面积使用防控效果较差。但是，目前我国的农业生产仍然以一家一户为单位的小规模分散式农业生产模式为主，在一定程度上阻碍了农作物重要害虫食源诱控技术的使用和推广。

全国农业技术推广服务中心在农作物害虫食源诱控技术的推广应用过程中，得到了有关省（自治区、直辖市）植保站以及绿色防控示范县（市、区）的大力支持；在材料选编和写作过程中，得到了中国农业科学院植物保护研究所陆宴辉研究员、华中农业大学牛长缨教授和中国农业大学李志红教授等有关专家的指导，中国工程院院士吴孔明为本书作序，在此一并表示衷心的感谢！

由于作者水平有限，疏漏和不足之处在所难免，敬请读者批评指正！

编　者

2017 年 10 月 18 日

目　　录
CONTENTS

第一章

技术原理和应用范围

一、技术原理

植食性害虫依赖取食寄主植物的茎叶、蜜露、果实等存活和繁衍，而寄主植物的挥发物中含有影响植食性害虫定位味源、取食、产卵的关键化学信号。利用靶标害虫特别敏感或偏好的挥发物组合，如挥发性有机物、蛋白、糖类等（表1-1），诱杀靶标害虫以达到防虫目的的技术，被称为农作物害虫食源诱控技术（图1-1）。

表1-1　农作物害虫食诱剂的主要种类

食诱剂种类（品名）	引诱物质种类	主要靶标害虫
棉铃虫食诱剂	植物挥发物＋取食促进剂	棉铃虫，可兼顾地老虎、金龟子及其他夜蛾科害虫
烟青虫食诱剂	植物挥发物＋取食促进剂	烟青虫，可兼顾斜纹夜蛾、甜菜夜蛾、地老虎等
盲蝽食诱剂	植物挥发物	绿盲蝽、中黑盲蝽、三点盲蝽
柑橘大实蝇食诱剂	水解蛋白＋糖醋液	柑橘大实蝇
橘小实蝇食诱剂	水解蛋白＋糖醋液	橘小实蝇
斑翅果蝇食诱剂	糖醋液	斑翅果蝇

蛋白质和糖是昆虫生长发育过程中两个重要的营养源。蛋白质主要影响实蝇生殖前期的生长发育，特别是其生殖系统的

图1-1 农作物害虫食源诱控技术原理

1.大部分昆虫成虫都需要取食花蜜，以维系代系繁殖，同时为其发育、飞行等活动提供能量 2.食诱剂是昆虫利他素和取食促进剂的混合物，借助于有效地缓释载体，在田间释放昆虫成虫喜好的气味，引诱其聚集取食 3.昆虫成虫取食食诱剂产品后，由于摄入胃毒型杀虫剂而迅速死亡，从而大大降低该区域的虫口数量

发育。依据实蝇成虫期需取食补充蛋白质等营养的习性，研发的小分子蛋白饵剂能够大量诱杀其雌、雄两性成虫。糖则是实蝇基本生命活动例如觅食、交配和产卵等的主要能量来源。糖醋液作为一种传统的防治技术在农林害虫防控中应用广泛，对鳞翅目、鞘翅目及双翅目等昆虫都有较强的诱杀作用。我国自20世纪50年代就普遍利用盛有糖醋液的简易装置诱捕多种害虫，而且针对不同种类的害虫，还有不同的配制方法及配方：例如防治梨小食心虫，在配比相同的情况下，食用醋+白酒的组合优于乙醇+乙酸的组合；防治实蝇，糖+醋+酒溶液对雌、雄成虫的引诱效果较好。

二、应用范围

1.食源诱控技术防控柑橘大实蝇

柑橘大实蝇俗称"柑蛆"，又名橘大实蝇，主要分布于四川、贵州、云南、广西、湖南、湖北、陕西等省份，是为害柑橘类作物的重要害虫。柑橘大实蝇一生分卵、幼虫、蛹和成虫四个阶段，卵和幼虫存在于果实内，蛹多在土壤3厘米以下。由于柑橘大实蝇的卵和幼虫存在于果实内，隐蔽性强，成虫的飞翔能力很强，防治非常困难，常规的化学农药喷洒往往很难达到防治目的。因此，成虫诱杀技术便成为防治实蝇类害虫方便、安全的重要措施。目前可用于诱杀实蝇类两性成虫的食物引诱剂可分为两类：一类以水解蛋白为主要成分，另一类以糖酒醋混合物为主要成分，对实蝇两性成虫均有较好的引诱效果。由于食物引诱剂能够直接诱杀雌虫，因此，应用食物引诱剂防治实蝇类害虫相比性诱剂更有优势。

根据柑橘大实蝇取食特点和取食规律，目前已研制出引诱能力强的蛋白诱剂——0.1%阿维菌素浓饵剂（果瑞特），实现了雌雄同诱，可以高效地诱杀柑橘大实蝇。由于采用了缓控释技术，确保产品具有保湿和较长诱集力的特性，持效期长达7～10天。该食诱剂采用点喷的用药方式，变化学农药的覆盖式喷雾为点喷诱杀。与传统农药施药方法相比，该使用方法大大节约了劳动力，而且药剂不直接喷在果品上，显著降低了农药对果品的污染。

2010年以来，全国农业技术推广服务中心提出柑橘大实蝇可持续绿色防控技术体系，即以柑橘大实蝇成虫羽化监测为基础，以食诱剂点喷、结合诱捕器诱杀成虫为核心，以专用塑料袋处理虫果等农业防治为补充的技术体系，累计在湖北、湖南、重庆、贵州、四川等省份的柑橘主产区建立柑橘大实蝇绿色防控关键技术体系示范区370多个，开展了技术体系集成示范与农民培训，累计示范1 860多万亩[*]次。示范推广和应用效果表明，柑橘大实蝇为害地区虫果率一般降低85%以上，同时示范区减少农药用量60%～80%，减少防治用工50%～70%。由于诱杀效率高、使用便捷和极低的劳动强度，非常适合中国柑橘产区劳动力缺乏的特点，深受橘农的欢迎。

2. 食源诱控技术防控橘小实蝇

橘小实蝇是重要的果树害虫，广泛分布于我国南方地区，可为害200多种作物，包括柑橘、芒果、香蕉、桃、枇杷、石榴、小枣、火龙果、杨桃、番石榴、番荔枝、木瓜、台湾青枣

---

[*] 亩为非法定计量单位，15亩＝1公顷。全书同。——编者注

等多种水果。其中芒果、杨桃、番石榴等受害尤为严重，虫果率可达60%～100%。橘小实蝇在为害寄主果实时，雌虫通常用产卵器刺破果实表皮，将卵产于果实内部，幼虫就在果实内部取食、发育。幼虫老熟后会脱离果实并入土化蛹。成虫寿命较长，可达2～3个月。

从1952年美国夏威夷用蛋白诱剂防治橘小实蝇以来，美国、印度、澳大利亚等实蝇发生国均用蛋白诱剂防治实蝇类害虫，并且绝大多数实蝇发生国都有至少1种实蝇蛋白诱剂产品。国内常见的蛋白诱剂有0.1%阿维菌素浓饵剂和0.02%多杀菌素饵剂等。这些蛋白诱剂除对橘小实蝇有效外，还能防治瓜实蝇、地中海实蝇等。

在防治橘小实蝇时，可以将蛋白诱剂、糖醋液与杀虫剂混合后直接喷洒在作物叶片上，以供实蝇成虫取食，达到杀灭成虫的目的。这种方法的优势在于操作简便、灭虫效率高，缺点是不耐雨水冲刷，受气候影响较大。在防治中，也可以将蛋白诱剂或者糖醋酒液置于诱捕器中，当实蝇成虫在一定距离外感受到引诱剂后，成虫会迅速飞向诱捕器并进入诱捕器而陷于其中。这种方法的优点是受气候变化影响较小，缺点是防治成本有所增加，且防治效率有所下降（图1-2）。

图1-2　用糖醋酒液在番石榴园诱杀橘小实蝇成虫

3.食源诱控技术防控斑翅果蝇

斑翅果蝇主要为害浆果类作物，例如杨梅、蓝莓、树莓、草莓、樱桃等。成虫常用发达的产卵器刺破浆果表皮，将卵产在果实内部，卵孵化后幼虫即在果实内取食，幼虫老熟后会在果实表面化蛹，蛹的末端留在果实内部，头部伸出果实外部。受害果通常腐烂、脱落。由于斑翅果蝇的卵、幼虫及蛹均在受害果实内部，用常规方法难以防治。因此，诱杀成虫便成为控制斑翅果蝇的主要防治方法。

糖醋液对斑翅果蝇两性成虫具有极强的引诱效果。在生产实践中，已得到广泛应用。糖醋液制作简单，通常将糖、酒、醋按一定比例配成水溶液，以水盆、塑料水瓶等作为诱捕器。将盛有糖醋液的诱捕器悬挂在果树枝头上离地面1～1.5米处，对斑翅果蝇成虫具有较好的诱捕效果。盆内的糖醋液根据实际使用情况每3～5天更换一次。在杨梅园内使用糖醋液防治斑翅果蝇时，果实发红时即开始悬挂诱捕器。一般情况下每个诱捕器之间以相距10米左右为益。在斑翅果蝇发生较为严重时可以适当缩小诱捕器之间的距离，提高防控效果（图1-3）。

图1-3 用糖醋液在杨梅园诱杀斑翅果蝇
1.水瓶状诱捕器 2.水盆诱捕器 3.水盆诱捕器及诱杀的斑翅果蝇
4.成熟饱满的杨梅

重庆市巴南区利用糖醋酒液与黄、绿、蓝3种颜色组合有效防控斑翅果蝇，减少了斑翅果蝇对樱桃产业造成的损失。贵州省麻江县蓝莓种植面积达5.8万亩，种植基地禁止使用任何农药，利用糖醋酒液在蓝莓上诱杀斑翅果蝇成虫，取得了较好的效果。既保护了蓝莓，又提高了其品质。云南富民县款庄镇大树杨梅种植较广，至2017年面积已达3 000余亩，但斑翅果蝇为害严重，造成杨梅产量、品质下降，通过在果园内悬挂糖醋酒液诱杀果蝇成虫，提升了杨梅的品质和当地的对外影响力。糖醋液被公认为有效且无公害的斑翅果蝇防治措施。

4.食源诱控技术防控棉铃虫

棉铃虫是一种严重为害棉花生产的重大害虫，在我国各大棉区均有发生。为了控制棉铃虫，20世纪70～80年代，有机磷类、菊酯类农药广泛使用，化学农药的过量使用使得棉铃虫的抗药性迅速增强，防效逐年减弱。棉农为保障收成不断加大用药量、增加用药次数甚至多种农药混配使用，形成了恶性循环，其结果是棉铃虫抗药性越来越强，为害越来越严重。20世纪90年代，由于抗药性、气候条件、寄主资源等多重因素，棉铃虫在我国连续大暴发。21世纪以来，随着转Bt基因抗虫棉花（简称"Bt棉"）的推广种植，棉花上的棉铃虫得到了逐步控制。

目前，我国Bt棉占棉花市场份额的80%左右，新疆地区的棉花种植面积已突破3 000万亩，占全国总面积的50%以上，全国仅新疆的北疆还种有部分非转基因品种"新陆早"。2012年深圳百乐宝生物农业科技有限公司开始在北疆非转基因棉花上推广棉铃虫食诱剂，最初为一代产品"棉花宝"，也称"科桐"；之后与中国农业科学院植物保护研究所合作研发、试验，于2017年推出了二代产品"澳朗特"，解决了食诱剂在棉花花期引诱能力下降的问题；至今已累计推广超过100万亩次。此外，棉铃虫食诱剂也在以棉铃虫为主要害虫的其他作物上开展了大量试验示范，如花生、番茄、辣椒等，效果显著。

5.食源诱控技术防控烟青虫

我国烟草的总种植面积约1 500万亩，其中云贵川三省约占总面积的60%。在烟草上为害较重的害虫有20余种。针对"三虫三病"中的"烟青虫、斜纹夜蛾、地老虎"，自2013年起，深圳百乐宝生物农业科技有限公司将烟青虫食诱剂（塔巴可）在全国烟草系统逐步试验、示范、推广，累计使用面积近50万亩次。经过两年多的摸索试验，百乐宝公司与中国农业科学院植物保护研究所合作开发了二代产品"澳劲特"，并逐步扩大应用推广面积和辐射范围。

三、应用前景

进入21世纪以来，人们对环境保护、生态和谐、绿色农业的认识由感性转到了理性，广大消费者从单纯追求农产品数量转向追求质量，而种植者也从一味地追求产量的增长转向追求综合效益的提高。绿色防控是农业可持续发展的重要途径之一。如何在降低化学农药使用量的同时保持甚至提高病虫害的防治效率，一直是农业病虫害绿色防控中的一道难题。食源诱控等绿色防控关键技术应用于害虫防治，不仅能够替代化学农药的使用，而且防治效果良好，使用简单，应用成本低，省力省工，节本增效。

多年示范推广表明，食源诱控技术在实蝇等害虫的防治上取得了很好的效果。柑橘大实蝇为害严重地区的虫果率一般降低85%以上，防治效果理想，全面有效地控制了柑橘大实蝇的为害。同时，采用柑橘大实蝇绿色防控关键技术体系的示范区，农药用量减少60%～80%，防治用工减少50%～70%，防治成本每亩节约40%以上。采用食诱剂防治橘小实蝇，虫果率可减少50%～70%。如果配合果实套袋、果园落果清理等措施，效果会更加理想。合理使用糖醋液诱杀斑翅果蝇成虫，可使果园果实受害率下降70%～80%，可将虫果率控制在5%以下。如果结合果园落果清理、适时采收成熟果实，则果实的受害率会更低。

农作物害虫食源诱控技术突破传统用药方式，少接触或不接触作物与土壤，大大提高食品与环境安全。依靠空气扩散释放气味，诱虫无盲区，对因生殖发育及产卵需要补充能量的雌虫尤其有效，诱杀一头雌虫，相当于减少了300～500头（具体数字参考靶标害虫雌虫的平均产卵量）幼虫。连续大面积使用可减少化学农药的使用，并大幅度降低处理区害虫种群数量。

我国果树上发生的果蝇及实蝇类害虫种类多、分布广、为害重。棉铃虫等夜蛾科害虫为害我国多种农作物，其食性杂，暴发频率高，为害范围广。农业害虫食源诱控技术可有效防控果蝇、实蝇和棉铃虫等夜蛾科、盲蝽等半翅目害虫，不仅是一种安全、环保、高效的防治技术，还能够帮助种植户增产增收，具有广阔的应用前景。

第二章

柑橘大实蝇食源诱控技术

一、技术应用要点

1.技术与产品

（1）蛋白饵剂：国内常用的蛋白诱剂有0.1%阿维菌素浓饵剂和0.02%多杀菌素饵剂等。实施时可因地制宜采用悬挂诱捕器或叶面毒饵喷雾的方式进行。

（2）糖醋液：红糖、醋、酒、水按照一定的比例配制而成。以90%敌百虫晶体：红糖：水按0.1：3：100的比例，配制成糖醋药液进行树冠喷洒；也可以配制糖醋酒液，分装入塑料杯（瓶）中，悬挂于树枝上，诱杀柑橘大实蝇。

2.田间应用技术

（1）成虫回园监测。采用挂瓶法（图2-1）、点喷法等方法监测成虫回园始期，准确确定防治时期，做好分类指导，为大面积防治提供依据。

（2）成虫诱杀。根据监测情况，在柑橘大实蝇羽化始盛期至盛末期，一般在5月中下旬至7月下旬，诱杀成虫。可采用食诱剂挂瓶（诱捕器）或点喷食诱剂诱杀。对于虫果率3%以下的果园可采用糖醋液等食诱剂挂瓶（诱捕器）诱杀成虫（图2-2），每亩悬挂8～10个，每7天换1次诱剂。可在诱捕器外壁喷黏胶，提高诱杀效果。

对于虫果率3%以上的果园使用蛋白饵剂点喷柑橘树冠叶片

图2-1 挂瓶法监测成虫回园
1.挂罐　2.数据调查

图2-2 挂瓶（诱捕器）诱杀
1.单开口诱杀瓶　2.双开口诱杀瓶　3.单开口诱杀瓶，敌百虫+糖醋液诱杀
4.双开口诱捕器　5.双开口诱杀瓶

背面（图2-3），每亩喷10个点，每点0.5米²，或用糖醋液每亩喷1/3的柑橘树，每株树喷1/3的树冠。每隔7天喷药1次，蜜橘类一般要喷3～5次，椪柑类和橙类一般喷4～6次。

图2-3　点喷诱杀

1.点喷食诱剂　2.成虫取食引诱剂

（图2由湖北谷瑞特生物技术有限公司提供）

（3）捡拾落果与虫果处理。捡拾并处理虫果对控制翌年害虫基数作用较大。9月中旬至11月下旬，定期捡拾园中落果，并摘除未落的虫果，每7天一次。山坡果园在坡下挖浅沟拦截虫果并收集。打蜡加工厂、零散交易点及无人管理的橘园收集虫果后集中处理（图2-4）。捡拾和摘除的落果就地置于塑料袋中，扎紧口袋密封闷杀。7～10天果实腐

图2-4　捡拾虫果

烂后将烂果埋入土中作肥料，虫果处理袋可重复使用。也可将收集的虫果，送往虫果处理池浸泡灭杀，或喂鱼、喂猪。

3.技术效果评价指标

蛆果率是反映柑橘大实蝇防治效果最重要的依据，可在青果期和收获期进行调查。

（1）青果期蛀果率调查。柑橘大实蝇产卵为害后7～10天内，果实表面会出现黄色胶状伤愈液（图2-5-1），胶状物脱落后会有比较明显的痕迹，为点状黄色木质化疤痕（图2-5-2）。用刀片削去果皮，可见黄绿色水晶状圆斑（图2-5-3），纵切则呈现黄绿色条状斑痕（图2-5-4）。由此可见，出现绿色水晶状圆斑的果实即可确定为柑橘大实蝇为害果。

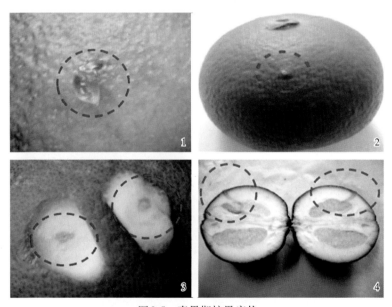

图2-5　青果期蛀果症状
1.产卵孔外部黄色胶状伤愈液　2.产卵孔黄色凸起
3.产卵孔的黄绿色伤痕（横切）　4.产卵孔的黄绿色伤痕（纵切）

于每年7月中下旬至8月中旬对青果期的蛀果率进行调查，具体调查方法包括选点、择果和检验三步：

①选点：在坡向等种植环境较为一致的防治示范园，走S形路线选点，每个点选相邻的2棵树，每棵树查看50个青果。可根据田块大小，适当增加调查点数和青果数量。

②择果：所查看的青果中摘掉具有黄色流胶和点状灰色木

质化疤痕的青果。

③检验：削去具有典型为害状的果实的果皮，如发现绿色水晶状圆斑则为柑橘大实蝇为害果。

（2）**收获期蛆果率调查。**采取随机抽样调查法，于9月中下旬至10月下旬，选择坡度等种植环境较为一致的防治示范园，走S形路线选点调查5株树，记录总果数、虫果数，虫果数包括已经落地的和在树上的。检验落地果是否是柑橘大实蝇为害造成，柑橘大实蝇为害造成的落果，剥开后能看到乳白色的幼虫。

检验后得到的虫果数除以调查总果数，可得到所选种植园的蛆果率。

（3）**防治效果计算方法。**通过检验后得到的为害果数目除以调查点所查看果实的总数量，最后得到所选种植园的蛆果率。

$$蛆果率 = \frac{蛆果数}{调查总果数} \times 100\%$$

$$防治效果 = \frac{CK - T}{CK} \times 100\%$$

式中：CK 为对照区（未防治区）蛆果率；T 为使用0.1%阿维菌素浓饵剂后的蛆果率。

4.局限性及注意事项

①0.1%阿维菌素浓饵剂适宜大面积统一防治，并且使用面积越大，效果越能保证；小规模使用，则很难保证防治效果。

②0.1%阿维菌素浓饵剂应与其他绿色防控技术产品配合使用。

二、应用案例

◆ 案例一：重庆市奉节县白帝镇九盘村柑橘大实蝇防治示范

2015年在重庆市奉节县白帝镇九盘村开展柑橘大实蝇防治示范，全村柑橘面积1 950亩，涉及13个社、407户农户。柑橘大实蝇为害面积为1 690亩，占全村柑橘面积的86.7%。示范覆盖全村100%柑橘园。其中核心示区位于九盘村3个社，面积750亩，涉及果农187户，带动周围11个社，220户果农，1200亩柑橘园（图2-6-1）。示范区以柑橘大实蝇成虫羽化监测为基础，以"诱杀＋蛆果处理"为主线，科学有效、绿色环保地防控柑橘大实蝇。重灾园、失管园、特稀（零星）园辅以"下冠、砍树、摘青果"等措施。在示范过程中，组建一个柑橘大实蝇防控农民田间学校培训班（图2-6-2），招募学员173人，组织专题培训2次，建立了15亩学员示范田，让学员了解柑橘大实蝇的生物学特征及生活习性等理论基础，以互动的方法教会学员识别和防控等操作技能。培训内容为诱剂配制（图2-6-3）、诱捕器制作（图2-6-4）、成虫及蛆果识别、蛆果处理方法及注意事项等。示范区组织一支以"农民田间学校"学员为主的柑橘大实

图2-6　重庆市奉节县白帝镇九盘村柑橘大实蝇防治示范

1.示范区建设　2.田间学校学员培训　3.诱剂配制　4.诱捕器制作及安装

蝇防控专业队，以项目经费及政府补贴做支撑，实行统一方案、统一费用、统一配物、统一时间，做到不漏组、不漏户、不漏田块、不漏树，确保技术到位，绿色防控，统防统治。通过技术的集成和示范、培训，示范区平均蛆果率为0.76%，较实施前（2014年）的1.42%，下降了46.5%。比全县的蛆果率降幅高26.5%。同时减少农药用量60%～80%，减少防治用工50%～70%，每亩节约防治成本40%以上。

◆ 案例二：湖北省枝江市柑橘大实蝇防治示范

枝江市在安福寺镇徐家嘴村、刘冲村，仙女镇青狮村，董市镇裴圣村示范食诱剂点喷技术防治柑橘大实蝇，示范面积4 000亩，辐射面积5万亩（图2-7）。示范效果：①大大降低虫果率，增产增收。绿色防控示范区、农民习惯防治田及不防治田平均虫果率分别为0.84%、2.05%、20.26%。2015年全市柑橘平均亩产量为2吨，均价为1.8元/千克，按4 000亩计算，示范区比农民习惯防治田增产96.8吨，增收17.44万元，平均每亩增收43.6元。②节省人工成本。示范区采用点喷方式施药，每人每天可喷50亩柑橘园；习惯防治田常规化学喷雾，每人每天只能喷10亩田。按4 000亩计算，示范区喷药4次需用工320个，习惯防治田需用工1 600个，示范区节省用工1 280个；按每天人工费150元计算，总计节省19.2万元，平均每亩节省人工成本

图2-7　枝江市柑橘大实蝇食诱剂点喷技术防治示范
1.果农演示　2.技术员实地指导

48元。③提高优质果率和售价。示范区优质果率达到85%以上，比农民习惯防治田高41.7%；示范区柑橘销售均价为2元/千克，比习惯防治田高11.1%。按4 000亩计算，示范区比习惯防治田增收160万元，平均每亩增收400元。以上三项合计，示范区比农民习惯防治田增收196.64万元，平均每亩增收491.6元。同时，枝江市重点推广了对环境友好的生物农药，化学农药使用量减少50%以上，农田生态环境得到保护，农田有益生物增加，其中瓢虫、草蛉比非示范区增加了30%以上。

◆ 案例三：湖南省桃源县柑橘大实蝇绿色防控技术集成与示范

2016年桃源县开展柑橘大实蝇绿色防控技术集成与示范（图2-8）。在柑橘大实蝇成虫诱杀和捡拾及处理虫果两个时期，开展统防统治服务。利用柑橘大实蝇成虫的趋糖习性，抓住成虫羽化始盛期至盛末期这一关键时段，用0.1%阿维菌素浓饵剂诱杀柑橘大实蝇成虫，诱杀效果翻倍。每亩0.1%阿维菌素浓饵剂1包（180毫升），对水360毫升，充分搅匀，点喷法施药，每亩橘园随机选10个点，用手持喷壶，粗滴喷雾，每点喷药0.5米^2（约为草帽大小），药液喷到树冠中、下层叶片上，正反面必须喷透，以后每隔7天进行一次树冠点喷，连续点喷4～5次。

虫果捡拾及无害化处理技术能有效降低柑橘大实蝇发生基

图2-8　桃源县柑橘大实蝇食诱剂树冠点喷防治技术示范
1.技术员实地指导　2.果农演示

数，是柑橘大实蝇综合防控的重要环节。为防止落果内的幼虫入土化蛹，在柑橘虫果落果期内做到每3～5天捡拾地面虫果落果一次，不留死角死面，并及时处理落果虫果。通过示范展示，辐射带动防控面积8万亩，明确食诱剂对柑橘大实蝇防控的田间应用效果，进一步完善柑橘病虫害绿色防控技术模式。8月20日卵果率调查，绿色防控示范区平均卵果率1.5%，对照区（橘农自防）6.0%；10月14日虫果率调查，绿色防控示范区虫果率1.0%，对照区（橘农自防）4.5%，防控效果达95%以上，可将为害损失控制在5%以内。通过应用集成技术，柑橘病虫防效达90%以上，每亩减损增产250千克以上，每亩平均增收250元以上。

第三章

橘小实蝇食源诱控技术

一、技术应用要点

1.技术与产品

除了国外常见的蛋白诱剂商品0.02%多杀菌素饵剂，国内研究用廉价的蛋白材料来生产水解蛋白，所用原料从大豆、玉米发展到最后的啤酒酵母。生产方法也从酸解发展到酶解。两者各有优缺点，酸解虽然稳定、花费时间少，但是其引诱效果相对较差；酶解反应条件比较温和、原料低廉、来源广泛，但不够稳定。利用木瓜蛋白酶从啤酒废酵母中提取到的水解蛋白对橘小实蝇的引诱率（室内生物测定）能达到60%以上。运用此方法不但降低了水解蛋白的生产成本，而且再次利用了啤酒废酵母，一举两得。

蛋白饵剂中加入的农药，主要是有机磷和氨基甲酸酯类农药，其中最常见的是马拉硫磷。1980—1982年，美国加利福尼亚州向空中和地面喷洒含马拉硫磷的玉米水解蛋白（PIB-7）防治地中海实蝇，但是严重污染了环境。目前，研究者致力于开发低残留、无污染、对人和其他有益昆虫没有毒副作用的生物农药，例如多杀菌素。

2.田间应用技术

常见蛋白诱剂的使用方法有两种。一种是点喷法。蛋白诱剂原液与水、糖醋液和生物农药按一定比例混匀，点喷到投产果树叶片的背面，实蝇取食后引发毒性而死亡。点喷方式为一棵树喷两到三点，每点大约10片叶。另一种是挂瓶法。在瓶子上钻两个或两个以上直径为0.5厘米左右的小洞，然后装入蛋白饵剂，实蝇进入取食然后被困死亡。多种方法结合使用，效果更好。糖醋液的使用方法主要有糖醋罐法、糖醋盆法等，不同的诱捕器对害虫的引诱效果不同（图3-1）。

图3-1　田间应用方法

1.点喷诱杀法　2.弧形开口挂瓶　3.“十”字形开口挂瓶

在橘小实蝇种群密度骤然上升时，开始施用添加阿维菌素等生物杀虫剂的饵剂，如蛋白饵剂等。可点喷于果树叶片正反面，反面要多喷，每亩喷10个点，每点喷0.5米^2，每周喷1次；或将蛋白饵剂或糖醋液等放入自制诱捕器，悬挂在果园中进行诱杀，每5～10米挂一个，每周更换一次饵剂。

3.技术效果评价指标

同0.1%阿维菌素浓饵剂防治柑橘大实蝇的调查方法，详见第二章。

4.局限性及注意事项

① 该技术适宜大面积统一防治，并且使用面积越大，效果越能保证；小规模使用，则很难保证防治效果。

② 该技术应与其他绿色防控技术产品配合使用。

二、应用案例

◆ 案例一：云南省建水县酸甜石榴产区橘小实蝇防治示范

橘小实蝇是云南省建水县酸甜石榴产区的重要害虫，其寄主范围广，繁殖力高、适应能力强，防治难度大，果实受害率最高达80%。为提高实蝇类害虫绿色防控技术水平，2014年在建水县南庄镇开展防治示范——100亩连片地橘小实蝇食诱技术专业化统防统治。示范区采取的主要措施：①建立橘小实蝇监测点，7天调查一次成虫并记录数据。监测方法采取悬挂性诱剂引诱成虫。每亩悬挂性诱剂瓶子3个，15天更换1次诱芯，调查成虫数量（图3-2）。②0.1%阿维菌素浓饵剂诱杀防治橘小实蝇。防治药剂0.1%阿维菌素浓饵剂用量130余千克，防治面积100亩，示范区防治效果在95%以上，有效控制了橘小实蝇的发

图3-2　橘小实蝇监测

1.添加性诱剂引诱成虫　2.悬挂诱捕器　3.调查成虫数量

图3-3　橘小实蝇防控示范

1.药剂配置，现配现用　2.点喷施药示范　3.技术员现场指导

生和为害（图3-3）。具体施药方法：0.1%阿维菌素浓饵剂（食诱剂）一袋药配0.5千克，混匀，现配现用，点喷施药；每6～8株树喷一个点，点喷面积0.5米^2，药液喷在石榴枝叶茂密、结果较多的背阴面及中部叶片的背面；每点喷药50克左右，以药液在叶片上分布均匀而不流淌为宜；第一次喷药时间为羽化始盛期，以后每隔7天喷1次，连续施药6次，每次喷药掌握在上午9～11时，下午4～7时。③9～10月捡拾落果并进行无害化处理。及时捡拾落果、烂果，并在果实成熟期间，每隔5天摘除树上的有虫果1次，用塑料袋扎紧，5～7天后放入50厘米深的撒石灰的土坑中，用土盖严。

2014年9～10月调查结果：对照区石榴橘小实蝇为害率最高为30.15%，平均为24.53%；防治示范区橘小实蝇为害率最高为5.88%，平均为3.20%。示范区使用食诱剂后虫果率从上年的4.6%下降到3.2%以下，减少使用化学农药3～4次，减少农药用量25%以上，平均每亩节约防治成本30～50元，每亩减损增产250千克以上。

◆ 案例二：广东海纳农业有限公司惠州基地橘小实蝇食诱剂应用示范

广东海纳农业有限公司农业种植总体规模达15万亩，位于惠州的种植基地面积达3 000余亩，其中木瓜200余亩、番石榴200余亩、无花果100余亩、百香果100余亩，均受到橘小实蝇的严重为害（图3-4）。2017年3月起，惠州基地开始在木瓜、番石榴和无花果上使用深圳百乐宝生物农业科技有限公司的实蝇引诱剂产品——"福莱宝"，主要诱杀瓜实蝇、橘小实蝇、具条实蝇三种，其中橘小实蝇为优势种，占实蝇发生总量的70%以上。每个诱捕器添加药液100毫升（药剂与水1∶3混合均匀，即药剂25毫升，水75毫升），每亩3个诱捕器，悬挂在离地1.5米高的位置。"福莱宝"的持效期可达30天。单个诱捕器诱捕实蝇的总量达700多头，雌雄比约为3∶2。一整季使用"福莱宝"，橘小实蝇为害率降至15%，相比前一年高达70%的为害率，降低了78.6%（图3-5）。

图3-4　基地现场及实蝇为害状

1.无花果　2.种植基地　3.实蝇为害状

图3-5　"福莱宝"诱杀现场

1.诱杀瓶杀虫效果　2和3.诱集到的橘小实蝇

第四章

斑翅果蝇食源诱控技术

一、技术应用要点

1.技术与产品

斑翅果蝇喜食甜味物质及有机物发酵产生的乙酸和乙醇，并对相关气味有趋性。针对斑翅果蝇的这些特性，生产上通常采用的食诱剂包括如下7种：①糖醋酒液。糖醋酒液是用斑翅果蝇喜欢的食物制成的，其中酒利于气味扩散。果蝇嗅到食物的气味，就会跟随气味找到糖醋酒液，从而诱杀斑翅果蝇成虫，减少果蝇产卵量及幼虫数量。②蜂蜜。蜂蜜诱捕斑翅果蝇效果明显，生产上也较常用，但成本过高。③醋和葡萄酒的混合物。虽然单独使用醋或者酒对斑翅果蝇的雌、雄成虫均有较好的引诱作用，但加醋和葡萄酒的诱捕力明显高于只加醋或只用葡萄酒的诱捕力。④乙酸和乙醇饵液。⑤乙酸铵、丁二胺、甲基丁酸等作为果蝇诱杀剂。它们类似果蝇喜食的天然蛋白，诱杀果蝇成虫效果较好。⑥水果。水果中含有果蝇喜食的甜性、酸性物质，如苹果、雪梨、香蕉、柑橘，其中以香蕉诱捕效果较好。在杨梅园可用现有的废弃杨梅配合糖醋酒制成不同的食诱剂，也可制成杨梅汁防治斑翅果蝇。⑦香精。香精作为食诱剂诱杀斑翅果蝇成虫，效果显著，其中以红糖、食醋、菠萝香精加低毒无刺激性气味农药调制的食诱剂对果蝇的防治效果更显著。

2. 田间应用技术

（1）成虫发生期监测。采用挂瓶法监测成虫在果园的发生动态，结合果实成熟度调查，准确确定防治时期，做好分类指导，为大面积防治提供依据。监测应从青果期（直径约1厘米）开始。

（2）成虫诱杀。根据监测情况（以云南石屏县为例），在杨梅果实由青果转红时至杨梅采摘结束，即每年4月上中旬至6月中下旬，诱杀成虫。

①塑料水盆（直径15～20厘米为宜）做诱捕器时，盆中糖醋液深度以2～3厘米为宜（图4-1-1）。每个诱捕器相距10米左右，每3～5天更换1次诱剂。诱捕器宜挂在通风透光处。

②当用糖醋液黏板组合诱捕器时，先取适量诱剂置于玻璃瓶（高12厘米，口径6厘米）中，然后用细纱网封口以阻止昆虫进入瓶内。将市售黏胶板卷成筒状，将玻璃瓶固定在黏胶板筒中央，之后将黏胶板筒挂在树枝上，离地高度1～1.5米。当黏胶板上沾满昆虫后即更换新的黏胶板（图4-1-2）。每周更换糖醋液。

图4-1　诱捕器

1. 塑料盆诱捕器　2. 糖醋液黏板组合诱捕器

（3）配套技术。捡拾并处理虫果对控制翌年害虫基数作用较大。

①捡拾落果及防除杂草。5月上旬至6月下旬，定期捡拾园中落果，每7天一次。斑翅果蝇成虫喜栖息于生长茂密的阴凉草丛中，防除杂草可有效减少果蝇。

②处理虫果。捡拾和摘除的落果就地置于塑料袋中，扎紧口袋密封闷杀。7～10天果实腐烂后将烂果埋入土中作肥料，虫果处理袋可重复使用。也可将收集的虫果，送往虫果处理池中浸泡灭杀，或喂鱼、喂猪。亦可将落果用普通白酒浸泡后用作食物引诱剂以诱杀成虫。定期清理果园，确保及时处理病虫果。

③药剂防治。可在果实采收后1周内，使用吡虫啉、多杀菌素等低毒农药处理果园，防治残留害虫。

④果实及时采摘。果园中的过熟果实及落果都是斑翅果蝇的食物源和种群繁殖场所。及时采摘果实，可减少果实受害，也可提高果品品质。

⑤果园建棚。棚内种植水果，可提高果实硬度，预防果皮变软和破裂，减少斑翅果蝇侵染的机会。

3.技术效果评价指标

虫果率是评价果蝇防治效果最重要的依据，可在果实收获期进行调查。

在果实进入成熟期后（通常在5月上旬至6月上旬）进行虫果率调查，具体调查方法包括选点、择果和检验：

（1）选点：选择面积在100亩以上的果园进行调查。采用五点取样法进行取样。每个点选2棵树，2棵树相距10米以上。每棵树随机采摘成熟果实10个。

（2）检验：将采回的果实逐个放入塑料杯（约200毫升）中用盐水（5%）浸泡30分钟。杯中出现蛆的记为虫果。通过检验后得到的为害果数目除以调查点所查看果实的总数量，得到所选种植园的虫果率。

$$虫果率 = \frac{虫果数}{调查总果数} \times 100\%$$

$$防治效果 = \frac{CK-T}{CK} \times 100\%$$

式中：CK为对照区（未防治区）虫果率；T为防治后的虫果率。

4.局限性及注意事项

目前糖醋液是防治果蝇效果最好的引诱剂，对多数果蝇雌雄虫都有较好的引诱效果。但该引诱剂适于在果实成熟前使用，在果实进入成熟期后使用效果会显著下降，原因是果实进入成熟期后气味严重，会干扰果蝇成虫对糖醋液的趋性。因此，建议在青果期使用该方法，而且集中连片使用，效果会更好。

二、应用案例

◆ 案例一：云南省石屏县杨梅园斑翅果蝇防治示范

2010年以来，糖醋液诱杀斑翅果蝇成虫在云南省石屏县杨梅园得到广泛应用，涉及面积12万亩。其中核心示范区位于异龙镇蚂蝗塘，示范面积500余亩，主要品种为东魁和荸荠。示范区以糖醋液诱集法监测杨梅园果蝇的发生动态，以杨梅果实成熟进度确定防治时间，采用以果园清洁与适时采收为基础，以成虫诱杀为核心，以果实采收后及时用药为辅助的综合防治措施。在实施示范过程中，联系3~5户核心示范户，与县农业广播学校结合，开办杨梅病虫害防治技术培训班，培训内容包括常见果蝇种类识别、斑翅果蝇发生与为害特点、诱剂配制、诱捕器制作等（图4-2）。通过技术的集成和示范、培训，示范区平均虫果率控制在5%以内（图4-3）。

◆ 案例二：湖北省十堰市斑翅果蝇防治示范

十堰市张湾区和郧阳区是整个鄂西北区域樱桃相对集中的

图4-2　塑料盆诱捕器悬挂流程

1.配药加药　2.组装诱捕器　3.悬挂诱捕器　4.诱捕器安装完成

图4-3　糖醋液防治效果显著

1. 清水对照　2. 糖醋液诱集效果

栽植区，2014年樱桃"生蛆"事件后，樱桃产业由此面临前所未有的威胁。2016年在张湾区汉江街柳家河村和郧阳区茶店镇樱桃沟村开始进行食诱剂诱杀技术示范，核心示范区面积50亩，直接辐射区面积3 200亩。主要技术措施：一是糖醋液挂杯（碗）诱杀。二是结合挂喷（碗倒扣或喷于空瓶外）果蝇食诱剂等辅助绿色诱剂，作为简便的综合应用措施，进一步提高防控效果。三是提倡结合早春施农家肥和冬前进行深翻土，以及樱桃采摘完后及时喷药灭虫等，进一步降低虫源基数。四是分批、及时采摘，集中处理（如袋封暴晒）裂果、病虫果和落果等。五是注意樱桃种植区周边的桃、李、梨、葡萄、猕猴桃、草莓、番茄、黄瓜、野生刺莓等，也应相应开展果蝇防控（或避免混种）。

通过樱桃斑翅果蝇系统监测和综合防控技术应用，取得了很好的效果：①防控效果良好：4月21日开始，市、区植保站通过多次分别对防控示范区、周围辐射区采摘的樱桃鲜果和收集的地面落果以及市场上随机购买的鲜果，用食盐水浸泡和剥果检查，表明核心防控示范区的虫果率为0～0.33%、周围辐射区为0.8%～2.3%、市场购买的为1.6%～2.9%（而2015年市场购买的一般为4.5%～7.8%，最高达65%），防控效果十分明

图4-4　十堰市斑翅果蝇防治示范

显（图4-4）。②经济效益显著：2016年樱桃的市场价格为20～50元/千克，而2015年中后期只有4～10元/千克，后期甚至无人问津。③社会效益明显：通过樱桃斑翅果蝇综合防控技术应用的示范推广，使得更多的种植户相信十堰市发生的樱桃斑翅果蝇虽然由来已久，却是可防可控的，而且方法绿色安全、操作简便、投入也不高，果农重新树立了发展和搞好樱桃产业的信心，也为今后全面开展樱桃斑翅果蝇的防控工作奠定了良好基础。

第五章
棉铃虫食源诱控技术

一、技术应用要点

利用棉铃虫成虫喜好花蜜物质，需要取食花蜜以完成发育、飞行和生殖等生命活动的特点，将棉铃虫偏好的花香物质与

取食促进剂按科学配比组合在一起，制成棉铃虫食诱剂，再借助有效的缓释载体，在田间持续释放棉铃虫成虫偏好的气味，引诱其聚集到味源取食（图5-1），最后通过适配的杀虫剂或者诱捕装置集中灭杀，压低种群数量，达到

图5-1　棉铃虫成虫取食诱剂

防控棉铃虫为害的目的。

1. 技术与产品

目前我国市场上的棉铃虫食诱剂有深圳百乐宝生物农业科技有限公司生产的"科桐""库玻德"及深圳百乐宝生物农业科技有限公司与中国农业科学院植物保护研究所合作开发的二代产品"澳朗特"。产品规格有1升装及100毫升装，随产品附赠配套使用的杀虫剂。外观为高阻隔瓶，产品为淡绿色至淡蓝色的黏稠液体，具有特殊的花香气味，密封的产品可在常温下保

存，开封后应尽快使用完毕。

2.田间应用技术

（1）种群监测。"库玻德"与适配的诱捕器结合使用（图5-2），能够有效监测棉铃虫成虫的种群动态。一般情况下，每间隔100米放置一套诱捕装置，持效期约为30天。根据棉铃虫先取食后交配的发育特征，食诱剂与性诱剂相比，食诱剂在成虫羽化初期作用效果更好。

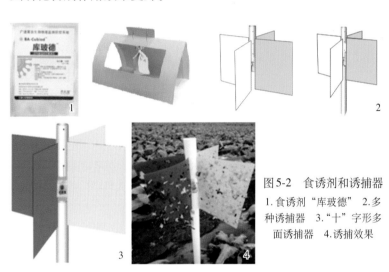

图5-2　食诱剂和诱捕器
1.食诱剂"库玻德"　2.多种诱捕器　3."十"字形多面诱捕器　4.诱捕效果

（2）防治棉铃虫。棉铃虫食诱剂每亩的使用量仅仅是传统化学农药的1/500。根据田间棉铃虫发生的轻重，每亩用量66～100毫升不等。使用时，棉铃虫食诱剂与水1：1混合并加入适配的胃毒型杀虫剂。施药后，如遇雨水冲刷，应及时补施。田间施药方法有以下几种：

①飞机喷洒：这种施药方法适用于面积大且具备飞防条件的田地（图5-3）。喷洒前应确保所有的直线过滤器已拆除或喷嘴关闭，然后可选择与泵相连的短管直接施药，或在喷洒杆末端龙头处连接长度为300～500毫米、直径为12.5毫米的软管

图5-3　飞机喷洒演示及效果

1.飞机喷洒演示　2.飞机喷洒防治效果

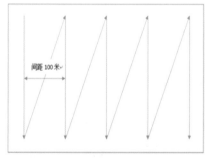

间距100米

图5-4　飞机"之"字形行进

施药。施药时飞机在田间"之"字形行进（图5-4），行间距50～100米。施药完毕后，须彻底清洗管道。

②人工叶片滴洒：这是一种简单便捷并具有较好防治效果的施药方法，可替代或减少常规化防。具体做法为：将混配好的药剂以条带式滴洒至作物间隔处的杂草行或某行作物的成熟叶片上，行间距100米（图5-5）。此方法对施药器具无要求，因防雨性能不高，需结合田间成虫发生动态及处理区未来1周左右的天气情况选择恰当的施药时机。

③机械滴洒：此方式适用于面积大且无飞防条件的田地（图5-6）。使用带罐的全地形车，将混配好的药剂倒入喷药罐中，去除喷洒装置中的转角、过滤网及小口径的雾化口，改为5～10毫米直径的开口式直管，以粗喷或固体粒子流形式隔行喷洒，行间距为50～100米。

图5-5　人工叶片滴洒演示及效果

1.人工叶片滴洒演示　2.人工叶片滴洒防治效果

图5-6　机械滴洒演示及效果

1.机械滴洒演示　2.机械滴洒防治效果

　　④结合诱捕器使用：这种施药方式的防雨能力最佳，田间持效期最长，但成本相对较高。取混配好的药剂倒在诱捕盒底部的塑料垫片上，每亩均匀悬挂1～3个诱捕盒，悬挂高度0.8～1.5米（取决于作物高度，一般略高于作物顶端15～30厘米）。在成虫发生高峰期时，要及时清理盒内诱杀的成虫尸体，以免影响后续诱杀效果（图5-7）。

图5-7 诱捕器演示及效果

1. 多开口式方形诱捕器 2. 多开口式方形诱捕器诱捕效果

3. 圆形诱捕器 4. 圆形诱捕器诱捕效果

⑤喷雾器滴洒：使用手动或电动喷雾器，将混配好的药剂倒入喷药罐中，去除喷头和滤网，以粗喷或固体粒子流形式逐行喷洒，行间距为50～100米。此方式适用于面积中等的田地（图5-8）。

图5-8 喷雾器滴洒演示及效果

3.技术效果评价指标

在试验示范过程中，设食诱剂处理田及对照田，处理田仅使用棉铃虫食诱剂，而对照田不使用任何防治措施。结果调查尽量保证在一大片田块的中间进行，避免边界效应及其干扰问题。

（1）诱杀的成虫数量调查。在食诱剂处理田，自施药的第2天起，每天调查一次被诱杀的棉铃虫成虫以及其他兼治靶标害虫成虫数量，连续7天，7天后每隔1天调查一次，至第13天止。数据录入表格（表5-1）。每次计数后将死亡成虫清除，以免下次调查时重复计数。

使用滴洒法时，每块田调查5个固定的点，每点为2米长的施药条带，调查施药条带及其周围的棉铃虫成虫死亡个体数量（田间虫体如被蚂蚁取食，可以以双翅为依据进行害虫个体计数）；使用诱盒法时，每块田调查5个固定的诱捕盒，调查诱捕盒内及其周围地上的死亡成虫个体数量。

表5-1 诱杀害虫数量统计

| | 第1天 | | | 第2天 | | | ... |
	棉铃虫	地老虎	...	棉铃虫	地老虎	...	
调查点1							
调查点2							
调查点3							
调查点4							
调查点5							

其中，有条件的示范地还可区分诱杀靶标害虫的雌、雄虫，计算诱杀成虫的雌雄比：

$$诱杀成虫的雌雄比 = \frac{诱杀雌虫数量（头）}{诱杀雄虫数量（头）}$$

（2）棉铃虫卵和幼虫发生情况调查。在食诱剂处理田与对照田，自施药前2天起，每3天调查一次棉铃虫卵和幼虫发生数量。每次调查时，每块田随机调查5个点，每点调查20株，系统调查每个植株上的棉铃虫卵和幼虫数据，记录后将调查过的卵和幼虫移除。数据录入类似表格（表5-2）。

表5-2　施药前后棉铃虫卵和幼虫数量统计

	前2天		后1天		后4天		后7天		...
	卵	幼虫	卵	幼虫	卵	幼虫	卵	幼虫	
处理田1									
处理田2									
...									
对照田1									
对照田2									
...									

相关计算公式如下：

$$卵的防效 = \frac{对照区卵量 - 处理区卵量}{对照区卵量} \times 100\%$$

$$幼虫的防效 = \frac{对照区幼虫量 - 处理区幼虫量}{对照区幼虫量} \times 100\%$$

（3）植株被害情况调查。在食诱处理田与对照田，施药前2天、施药后15天调查2次植株被靶标害虫的为害情况。每次调查时，每块田随机调查5个点，每点调查20株，系统调查被害植株数，数据录入类似表格（表5-3）。

表5-3　被棉铃虫为害的植株数量统计

	被棉铃虫为害的植株数量	
	施药前2天	施药后15天
处理田1		
处理田2		
...		

（续）

被棉铃虫为害的植株数量	
施药前2天	施药后15天
对照田1	
对照田2	
…	

相关计算公式如下：

$$被害率 = \frac{被害叶片总数}{调查叶片总数} \times 100\%$$

$$防效 = \frac{对照组被害率 - 处理组被害率}{对照组被害率} \times 100\%$$

4.局限性及注意事项

（1）局限性。首先，虽然在实际生产中棉铃虫食诱剂可诱集多种害虫，但其主要靶标仍应是棉铃虫成虫。其次，棉铃虫食诱剂的防治原理为"诱—杀"，理论上存在一定的引诱距离（或范围），因此为减少边界效应对防效的负面影响，使用面积越大越好。再次，液态的食诱剂易受使用环境影响，如雨水冲刷等，如遇恶劣天气应视具体情况适时补施。

（2）注意事项。

①棉铃虫食诱剂本身不含杀虫剂，未配套使用杀虫剂、物理捕杀或使用失效的杀虫剂（例如使用有驱避效果的或靶标害虫有抗药性的杀虫剂）会加重施药区域的虫害发生。为避免失效的情况出现，可在大面积施药前先行开展一次小规模的诱杀试验来验证配套杀虫剂的有效性。

②棉铃虫食诱剂使用时需1：1加水，并加入适量杀虫剂混合均匀，配制好的药剂应在6小时内使用完毕。

③避免在潮湿天气施药，以免药物飘移到邻近区域，尤其是湿地、水体和水道。

④棉铃虫食诱剂混入杀虫剂使用时可能对蜜蜂不利，应避免在蜜蜂活跃期用药。如无法完全回避该问题，则应使用速效型杀虫剂，以防取食了产品的侦查蜂返回蜂巢。

⑤施用棉铃虫食诱剂时，应阅读并遵守配套杀虫剂标签上的警示说明。

⑥密封好的产品应储存在凉爽、通风的地方，不得在阳光下长时间放置。如储存时间超过12个月，建议存入5℃左右的冷库中。

⑦如遇大雨、大风、沙尘等天气，应视具体情况适时补施。

二、应用案例

◆ 案例一：新疆农八师143团棉铃虫防治示范

2012年，新疆生产建设兵团农业技术推广总站在新疆农八师143团十七连开展了棉铃虫食诱剂的田间示范（图5-9），每公顷（15亩）棉田使用1升"科桐"产品，"科桐"与水1∶1混合并加入适量杀虫剂，于棉铃虫成虫羽化高峰期前两天施药，田间每100米人工滴洒一行，均匀滴洒至棉花成熟的叶片上。对照区按150毫升/亩的浓度喷施35%硫丹1次。施药后调查食

图5-9　新疆农八师143团棉铃虫防治示范

1.条带状喷洒食诱剂　2.诱杀的棉铃虫

诱剂诱杀成虫的数量、示范区百株落卵量及幼虫数。统计结果
显示：3个食诱剂处理区诱杀的棉铃虫成虫数量基本一致（图
5-10），其中雌蛾406头，雄蛾422头，雌雄比为1 ： 1.04，食诱
剂处理区累计卵量比对照区少36.96%（图5-11），累计幼虫数量
比对照区少57.58%。

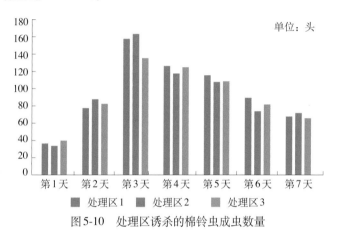

图5-10 处理区诱杀的棉铃虫成虫数量

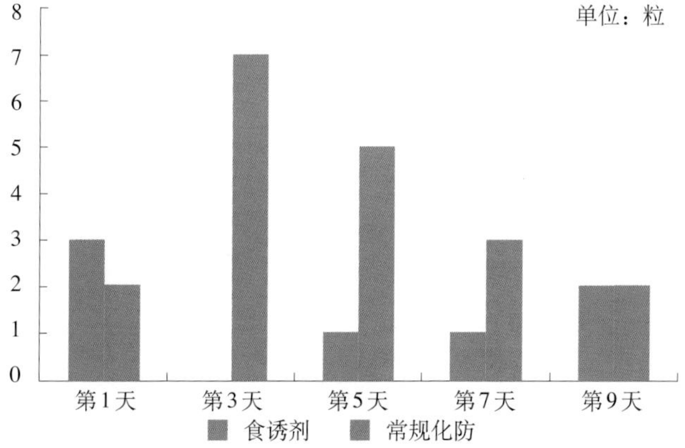

图5-11 处理区与对照区百株落卵量对比

（注：本案例数据均来自于新疆生产建设兵团农业技术推广
总站出具的试验报告）

◆ 案例二：新疆生产建设兵团农业技术推广总站棉铃虫防治示范

2013年，新疆生产建设兵团农业技术推广总站在第八师143团、148团，第六师105团，第四师63团等四个国家兵团棉花病虫害绿色防控核心示范区以及第八师142团开展了示范推广试验，分析施药间距对防控效果的影响，为制定合理的新型棉田夜蛾科害虫诱杀技术规程（图5-12）及大面积推广使用的方式方法奠定技术基础。

棉铃虫食诱剂的使用剂量为1升/公顷，与水混合并加杀虫剂，于棉铃虫成虫羽化高峰期前2天第1次人工条带状滴洒施药，共施药2～3次，施药间隔5天，每个条带每次施

图5-12　食诱剂诱杀棉铃虫

药400～600毫升（配制好的药剂），条带长20米。统计结果显示，不同施药间距100米、75米和50米，每亩诱杀成虫数量差异不明显，间距缩小，防控效果略有提高（图5-13）；食诱剂

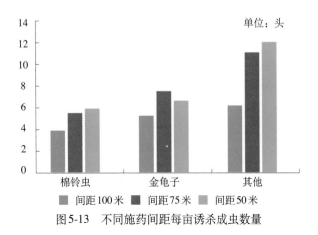

图5-13　不同施药间距每亩诱杀成虫数量

"科桐"对棉铃虫成虫的诱杀效果较好，雌雄通杀（图5-14）。综上所述，食诱剂"科桐"田间实际防治效果较好。加之，"科桐"为环境友好型产品，持效期超过7天，而且施用方便，每个农户每小时可处理棉田面积达100亩以上，所以具有较大的推广意义。

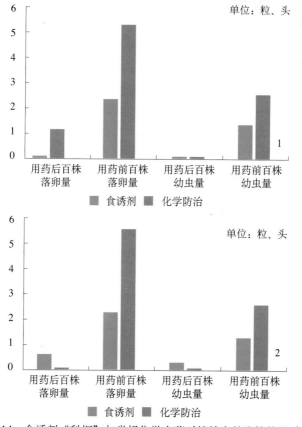

图5-14 食诱剂"科桐"与常规化学农药对棉铃虫的防控效果对比

1.63团示范结果 2.142团示范结果

（注：本案例数据均来自于新疆生产建设兵团农业技术推广总站出具的试验报告）

◆ **案例三：新疆生产建设兵团第八师143团17连棉铃虫防治示范**

此次试验作物为棉花新陆早46，食诱剂"科桐"与水1：1混合，每升食诱剂加入杀虫剂，棉铃虫成虫羽化前2天人工滴洒在棉花植株顶部叶片上，施药带长20米，相邻条带间隔60米。结果显示，"科桐"对棉铃虫、三叶草夜蛾和地老虎成虫均有较好的诱杀作用，且有效地降低了棉铃虫下一代的卵、幼虫存活数，百株落卵量减少64.84%（图5-15），百株存活幼虫数减少70.49%（图5-16），明显降低了棉铃虫幼虫高发期时的棉花花蕾受害率。

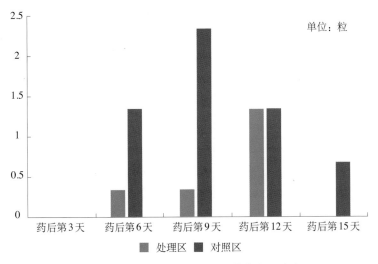

图5-15　处理区和对照区的百株落卵量对比

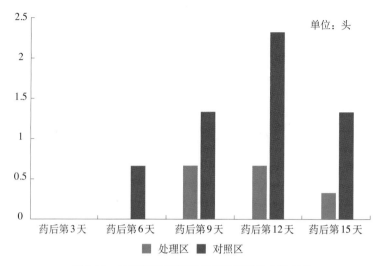

图5-16 处理区和对照区的百株存活幼虫数对比

（注：本案例数据均来自于新疆生产建设兵团农业技术推广总站出具的试验报告）

◆ 案例四：山东邹城花生和玉米棉铃虫防治示范

花生试验示范区设在香城镇杨桃村，面积约20公顷，靶标害虫为棉铃虫、地老虎、金龟甲；玉米试验示范区设在峄山镇大庄村，面积约13.5公顷，靶标害虫为棉铃虫、地老虎、二点委夜蛾、玉米螟。棉铃虫食诱剂与水1：1稀释，食诱剂加入杀虫剂，混合均匀。花生示范区于7月4日、18日，玉米示范区于7月6日、20日各施药一次。施药方式分为两种：①棉铃虫成虫高峰期前3～5天，每亩施配制好的药剂200毫升，施药条带间距30米，条带长度10～15米，于施药当日下午4时后将药剂均匀滴洒到作物顶端叶片上（图5-17）；②将配制好的药剂添加到方形诱捕盒底部的塑料垫片上，田间每亩等距悬挂3个诱捕器，每个诱捕器加入80毫升药剂，悬挂诱捕器高出作物顶部30～50厘米（图5-18）。试验结果表明：①在花生田和玉米田，

图5-17　花生田食诱剂防治示范

1.条带状喷洒食诱剂　2.诱杀的害虫

图5-18　食诱剂+诱捕器诱杀玉米上的棉铃虫

1.玉米田安装诱捕装置　2.食诱剂+诱捕器诱捕效果

条带滴洒食诱剂防治效果更好（图5-19）。②"科桐"能够有效地控制花生田和玉米田幼虫的发生（图5-19）。花生叶片滴洒处理区百株累计棉铃虫幼虫23头（防治指标每百株40头，低于防治指标），对照区累计棉铃虫幼虫88头（高于防治指标），虫口减退率达73.86%（图5-19-1）；玉米叶片滴洒处理区百株累计棉铃虫幼虫11头，对照区35头，虫口减退率达68.57%。用药后25天，花生处理区防效为79.87%，玉米处理区防效为66.67%（图5-19-2）。③棉铃虫食诱剂可同时诱杀棉铃虫雌、雄虫。人工滴洒的方式诱杀的棉铃虫雌、雄比平均值为1.71，雌虫多于雄虫（图5-20）。

另外，经统计使用"科桐"（人工滴洒）比使用常规化学农药防治棉铃虫，每公顷可减少防治成本195元，作业效率可提高8倍。

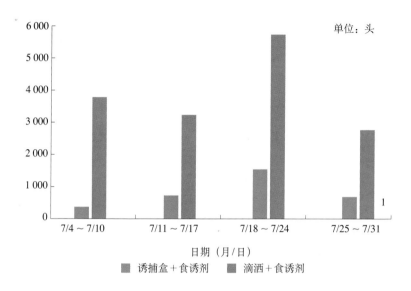

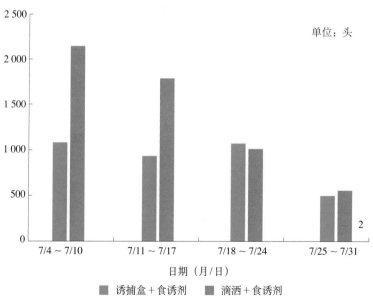

图5-19　滴洒、诱捕器施用棉铃虫食诱剂诱杀害虫平均数量

1. 花生田　2. 玉米田

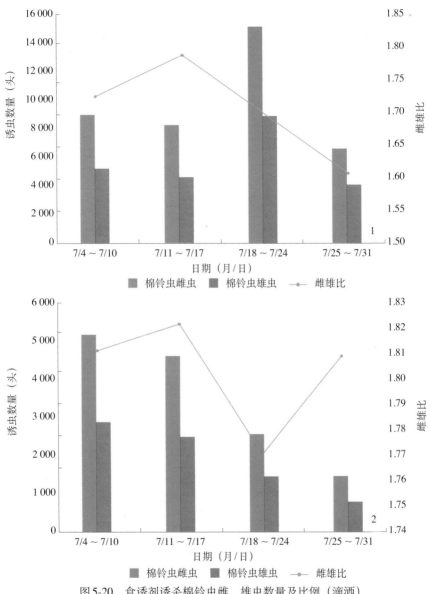

图5-20　食诱剂诱杀棉铃虫雌、雄虫数量及比例（滴洒）

1. 花生田　2. 玉米田

（本案例数据来源于山东省邹城市植保站出具的试验报告）

◆ **案例五：河北邯郸大名花生棉铃虫防治示范**

2017年在河北省大名县孙甘店乡南李庄东村开展了棉铃虫食诱剂示范，花生品种为花育19，示范试验从花生田棉铃虫一代成虫发生期开始，至采收期为止，覆盖整个花生生育期。"澳朗特"与水1∶1稀释，每升加入适量的杀虫剂，混合均匀。采用两种施药方法：①人工滴洒，条带间距40米，施药长度15米，均匀滴洒至作物顶端叶片，每14天施药一次；②诱捕盒，每亩地均匀悬挂2个诱捕盒，每个盒内加入60毫升左右药剂，每14天添加一次药剂，在成虫高峰期每7天清理一次诱捕盒，移除成虫死亡个体以免影响后续诱杀效果（图5-21）。统计结果显示：5个调查点诱杀害虫数目类似（图5-22），食诱剂"澳朗

图5-21　食诱剂诱杀花生田棉铃虫（诱捕器法）
1.诱捕效果展示　2.诱捕器安装

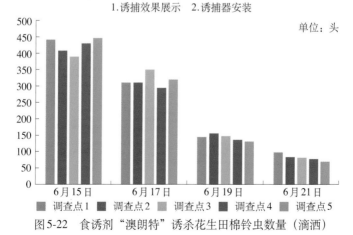

图5-22　食诱剂"澳朗特"诱杀花生田棉铃虫数量（滴洒）

特"防治效果显著，平均防效可达86.93%，条带式滴洒施药防治效果略优于诱捕器法（表5-4）。

表5-4 "澳朗特"人工滴洒、诱捕器诱捕两种方法与对照区新叶被害率调查统计

调查时间	对照区			条带示范区			诱捕盒示范区		
	调查新叶数（片）	新叶为害数（片）	新叶为害率（%）	调查新叶数（片）	新叶为害数（片）	新叶为害率（%）	调查新叶数（片）	新叶为害数（片）	新叶为害率（%）
6月25日	100	52	52	100	6	6	100	11	11
7月2日	100	78	78	100	11	11	100	23	23
平均防效（%）	—			86.93			73.85		

另外，使用食诱剂防治害虫省工省成本。使用化学农药防治花生田棉铃虫、地老虎等害虫时，平均每亩的防治成本为9.5元，人工成本为20元。使用食诱剂"澳朗特"防治时，如果采用人工滴洒的方式，每亩防治成本为8元，人工成本为2元；如果采用诱捕器法，每亩的防治成本为12元，人工成本为3元，较常规化学防治分别降低了19.5元、14.5元。而且每人每天能滴洒食诱剂"澳朗特"120亩，人工打药最多只能防治15亩，田间工作效率较化学防治提高了8倍。

综上所述，应大力提倡使用食诱剂防治花生田棉铃虫、地老虎等害虫。

（本案例数据来源于河北省植保植检站出具的报告）

第六章

盲蝽食源诱控技术

一、技术应用要点

盲蝽成虫对寄主植物的花具有很强的趋性（图6-1），取食植物的花蜜和花粉不仅能显著延长盲蝽成虫寿命，提高其繁殖力，同时还利于其后代的存活与发育。盲蝽成虫平均寿命长达20～30天。在同种植物上，盲蝽种群发生高峰期常与植物花期高度吻合；在不同植物之间，盲蝽种群会伴随开花植物种类的改变而进行季节性转移。

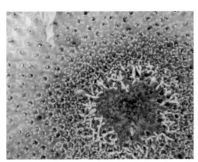

图6-1　绿盲蝽成虫趋好处于花期的向日葵（左）和葎草（右）

利用盲蝽成虫的趋花习性及其行为特点，将盲蝽偏好的花源性物质（主要成分为丙烯酸丁酯、丙酸丁酯等）与取食促进剂按科学方法混合在一起，制成盲蝽食诱剂，再借助有效的缓释载体，在田间持续释放盲蝽成虫偏好的气味，引诱其雌、雄成虫聚集到食源处，取食食诱剂，最后通过适配的杀虫剂或者诱捕装置集中灭杀，压低种群数量，达到防控盲蝽的目的。

1. 技术与产品

目前我国市场上的盲蝽食诱剂，是由中国农业科学院植物保护研究所与深圳百乐宝生物农业科技有限公司合作研发的"米瑞德"。产品规格为100毫升装，随产品附赠配套使用的杀虫剂。外观为高阻隔瓶，产品为淡绿色至淡蓝色的黏稠液体，具有特殊的花香气味，密封的产品可在常温下保存，开封后应尽快使用完毕。

2. 田间应用技术

盲蝽食诱剂的靶标害虫为绿盲蝽、中黑盲蝽、三点盲蝽、苜蓿盲蝽、牧草盲蝽（图6-2）。

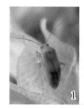   

图6-2 盲蝽成虫

1. 绿盲蝽 2. 中黑盲蝽 3. 三点盲蝽 4. 苜蓿盲蝽 5. 牧草盲蝽

（1）种群监测。"米瑞德"与三角形诱捕器结合使用（图6-3），能够有效地监测盲蝽成虫的种群动态。每公顷均匀悬挂专用诱捕箱30～45个。诱捕箱的悬挂高度随棉花生长高度的改变而改变。棉花苗期至蕾期，诱捕箱底端距离地面1米；花铃期，

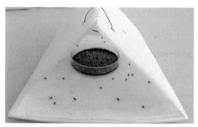

图6-3 食诱剂+三角形诱捕器

诱捕箱底端高于棉花冠层15～20厘米。将配好的食诱剂均匀涂布在专用诱捕箱底部垫片（或一次性培养皿）上，形成一层薄膜，15天添加一次食诱剂。

（2）种群防治。田间使用时，盲蝽食诱剂与水1∶1混合并加入适配的胃毒型杀虫剂。如遇雨水冲刷，应及时补施。田间施药方法有以下两种：

①人工叶片滴洒：将配好的食诱剂沿作物种植行均匀滴洒于植株的成熟叶片上（图6-4），每公顷滴洒30～45行，每行滴洒约10米。撒施行需要均匀布局，最大间距不超过50米。此方法对施药器具无要求，因防雨性能不高，需结合田间成

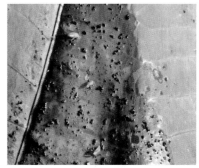

图6-4　人工叶片滴洒效果

虫发生动态及处理区未来一周左右的天气情况选择恰当的施药时机。叶片滴洒食诱剂是防治效率最高的方式，这种防控方式可替代或减少常规化防。

②结合诱捕器使用：这种施药方式的防雨能力最佳，田间持效期最长，但成本相对较高。诱捕器设置及相关使用方法同种群监测部分。在成虫发生高峰期，应及时清理盒内诱杀的成虫尸体，以免影响后续诱杀效果。

3.技术效果评价指标

在试验示范过程中，一般会设食诱剂处理田及对照田，处理田仅使用盲蝽食诱剂，而对照田不使用任何防治措施。在食诱防治田及对照田，调查尽量选择在一大片田块的中间进行，避免边界效应及其干扰问题。

（1）诱杀的成虫数量调查。在食诱处理田，自施药的第2天起每天调查一次被诱杀的盲蝽成虫种类及其数量，连续7天，7

天后每隔1天调查一次，至第13天止。

使用滴洒法时每块田调查5个固定的点，每点为2米长的施药条带，调查施药条带及其周围的盲蝽成虫死亡个体数量，计数后将死亡成虫清除，以免下次调查时重复计数。

使用诱盒法时每块田调查5个固定的诱捕盒，调查诱捕盒内及其周围地上的成虫死亡个体数量，计数后将死亡成虫清除，以免下次调查时重复计数。数据录入类似表格（表6-1）。

表6-1　盲蝽诱杀数量统计

| | 第1天 | | | 第2天 | | | … |
	绿盲蝽	中黑盲蝽	…	绿盲蝽	中黑盲蝽	…	
调查点1							
调查点2							
调查点3							
调查点4							
调查点5							

（2）盲蝽成虫和若虫发生情况调查。在食诱处理田与对照田，自施药当天起每6天调查一次盲蝽成虫和若虫发生数量。每次调查时，每块田随机调查5个点，每点调查20株，系统调查每个植株上的盲蝽成虫和若虫。数据录入类似表格（表6-2）。

表6-2　盲蝽成虫和若虫发生情况调查

| | 施药当天 | | 施药后6天 | | 施药后12天 | | 施药后18天 | | … |
	成虫	若虫	成虫	若虫	成虫	若虫	成虫	若虫	
处理田1									
处理田2									
…									

（续）

	施药当天		施药后6天		施药后12天		施药后18天		...
	成虫	若虫	成虫	若虫	成虫	若虫	成虫	若虫	
对照田1									
对照田2									
...									

（3）相关计算公式。

$$种群增长率 = \frac{施药后种群数量}{施药前种群数量} \times 100\%$$

$$防效 = \frac{对照组种群增长率 - 处理组种群增长率}{对照组种群增长率} \times 100\%$$

4.局限性及注意事项

（1）局限性。盲蝽食诱剂的防治原理为"诱—杀"，理论上存在一定的引诱距离（或范围），因此为减少边界效应对防效的负影响，使用面积越大越好。同时，液态的食诱剂易受使用环境影响，如雨水冲刷等，如遇恶劣天气应视具体情况适时补施。

（2）注意事项。

①盲蝽食诱剂本身不含杀虫剂，未配套使用杀虫剂、物理捕杀材料（黏虫板）或使用失效的杀虫剂（例如使用有驱避效果的或对靶标害虫防治效果差的杀虫剂）会加重施药区域的虫害发生。为避免失效的情况出现，可在大面积施药前先行开展一次小规模的诱杀试验来验证配套杀虫剂的有效性。

②盲蝽食诱剂使用时需1：1加水，并加入适量杀虫剂混合均匀，配制好的药剂应在6小时内使用完毕。

③避免在潮湿天气施药，以免药物飘移到邻近区域，尤其是湿地、水体和水道。

④盲蝽食诱剂混入杀虫剂使用时可能对蜜蜂不利，应避免在蜜蜂活跃期用药。如无法完全回避该问题，则应使用速效型

杀虫剂，以防取食了产品的侦查蜂返回蜂巢。

⑤施用盲蝽食诱剂时，应阅读并遵守配套杀虫剂标签上的警示说明。

⑥密封好的产品应储存在凉爽、通风的地方，不得在阳光直射下长时间放置。如储存时间超过12个月，建议存入5℃左右的冷库中。

⑦如遇大雨、大风、沙尘等天气，应视具体情况适时补施。

二、应用案例

◆ 案例一：河北黄骅、河南新乡、河北廊坊盲蝽防治示范

2015—2016年，结合利用诱捕器开展了评估盲蝽食诱剂的诱杀效果示范试验。具体作法如下：将三角形诱捕器组装好，诱捕器底部铺上一张白色黏虫板（塑料，长方形，长25厘米、宽15厘米），将诱捕器挂在田间插好的竹竿上，诱捕器底部比苜蓿植株顶部高20厘米，相邻两个诱捕器之间间隔15米；试验组在黏虫板中间放一个直径为9厘米的塑料培养皿，在培养皿中加入25毫升食诱剂；对照组黏板中心只加培养皿，不加食诱剂。诱捕器放置3天后，对诱捕器中的成虫进行种类鉴定并计数。所有试验随机排列。

2015年8月中旬，河北黄骅苜蓿田（约2公顷）设置诱捕器22个，其中11个食诱剂处理区，11个对照区。2016年7～8月，河南新乡绿豆田（约0.4公顷）诱捕试验分4次进行，每次设食诱剂处理和对照各重复6次，其中3个对照区因挂置诱捕器的竹竿倒伏，未列入统计。河南新乡绿豆田共设置诱捕器45个，其中24个食诱剂处理，21个对照。2016年7～8月，河北廊坊绿豆田（约0.3公顷）设置诱捕器8个，其中4个食诱剂处理，4个对照。2016年7～8月，河北廊坊棉花田（约1.5公顷）诱捕试验分2次进行，每次食诱剂处理和对照分别重复15次和5次，因竹竿倒伏，1个对照未列入统计。河北廊坊棉花田共设置诱捕器39个，其中29个食诱剂处理，11个对照。

　　试验结果表明：2015年，河北黄骅苜蓿田单个食诱剂诱捕器3天的诱捕量为（15.18±1.78）头，显著高于对照[（3.91±0.62）头，$P<0.05$]。诱捕到绿盲蝽、苜蓿盲蝽、三点盲蝽3个种类，其中绿盲蝽和苜蓿盲蝽居多。食诱剂诱捕器上绿盲蝽和苜蓿盲蝽成虫的诱捕量显著高于对照（$P<0.05$），而三点盲蝽的诱捕量没有显著差异（$P>0.05$）。2016年，河南新乡绿豆田单个食诱剂诱捕器3天的平均诱捕量为4.42头，显著高于对照（0.08头，$P<0.05$）。主要以绿盲蝽为主，诱到了少量中黑盲蝽成虫。食诱剂诱捕器上两种盲蝽的诱捕量均显著高于空白对照（$P<0.05$）。2016年，河北廊坊绿豆田和棉花田单个食诱剂诱捕器3天的平均诱捕量为9.75头和4.69头，分别高于相应的对照0.25头、0.30头（$P<0.05$）。绿豆田诱捕到了绿盲蝽和三点盲蝽，棉花田诱捕到了绿盲蝽、中黑盲蝽、三点盲蝽，但均以绿盲蝽为主。其中，食诱剂对绿豆田绿盲蝽、棉花田绿盲蝽和三点盲蝽的诱捕量显著高于对照（$P<0.05$），但绿豆田三点盲蝽、棉花田中黑盲蝽的诱捕量差异不显著（$P>0.05$）（表6-3）。

表6-3　不同作物田食诱剂对盲蝽成虫的诱捕效果

年份	试验点	作物	盲蝽种类	单器诱捕成虫数量（头）		统计参数		
				食诱剂	对照	t	df	P
2015	河北黄骅	苜蓿	绿盲蝽	（5.18 ± 1.03）a	（1.09 ± 0.34）b	3.87	20	0.000 9
			苜蓿盲蝽	（8.27 ± 1.85）a	（1.91 ± 0.44）b	4.28	20	0.000 4
			三点盲蝽	（1.73 ± 0.62）a	（0.91 ± 0.25）a	0.89	20	0.384 4
			总数	（15.18 ± 1.78）a	（3.91 ± 0.62）b	6.15	20	<0.000 1
2016	河南新乡	绿豆	绿盲蝽	（4.17 ± 1.09）a	（0.08 ± 0.06）b	5.21	46	<0.000 1
			中黑盲蝽	（0.25 ± 0.09）a	（0.08 ± 0.06）b	2.77	46	0.008 1
			总数	（4.42 ± 1.12）a	（0.08 ± 0.06）b	5.33	46	<0.000 1

（续）

年份	试验点	作物	盲蝽种类	单器诱捕成虫数量（头）		统计参数		
				食诱剂	对照	t	df	P
2016	河北廊坊	绿豆	绿盲蝽	(9.50 ± 3.28) a	(0.25 ± 0.25) b	2.63	6	0.039 0
			三点盲蝽	(0.25 ± 0.25) a	(0.00 ± 0.00) a	1.00	6	0.355 9
			总数	(9.75 ± 3.04) a	(0.25 ± 0.25) b	3.82	6	0.008 8
2016	河北廊坊	棉花	绿盲蝽	(3.97 ± 1.22) a	(0.20 ± 0.13) b	3.22	37	0.002 6
			中黑盲蝽	(0.17 ± 0.09) a	(0.10 ± 0.10) a	0.40	37	0.688 5
			三点盲蝽	(0.55 ± 0.13) a	(0.00 ± 0.00) b	4.85	37	0.007 6
			总数	(4.69 ± 1.25) a	(0.30 ± 0.21) b	3.66	37	0.000 8

注：表中数据为平均数 ± 标准误。标有不同小写字母的同行数值之间的差异显著（$P<0.05$）。

　　综上所述，加有食诱剂的诱捕器捕获的盲蝽成虫数量显著高于空白对照，这表明食诱剂对盲蝽成虫具有较强的引诱作用。在3种田中，食诱剂诱捕到了绿盲蝽、中黑盲蝽、苜蓿盲蝽、三点盲蝽成虫。其中，在苜蓿田中主要诱捕到了苜蓿盲蝽和绿盲蝽，而在绿豆和棉花田中主要诱捕到了绿盲蝽，与3种作物上盲蝽发生种类及其组成结构高度一致。这说明盲蝽食诱剂对上述4种盲蝽成虫均有很强的诱集效果（表6-3）。苜蓿田用药偏少，盲蝽种群密度远高于其他两种作物。苜蓿田空白对照诱捕的盲蝽成虫数量明显偏高于绿豆田和棉花田，这在一定程度上反映了不同作物上的盲蝽发生密度差异。不同作物上盲蝽诱捕量与田间种群密度之间的趋势基本一致。

◆ **案例二：河南新乡棉田盲蝽防治示范**

　　2017年在河南新乡设食诱防治田3块（每块5亩）、对照田3块（每块2亩），食诱防治田使用食诱剂防治盲蝽，不使用化学农药等其他防治措施；对照田使用不放食诱剂的诱捕器，不使用其他任何防治措施。食诱防治田：取混合均匀的盲蝽食诱剂，倒在三角形诱捕器底部塑料垫片上，每个诱捕器加注药液60毫升。每亩地均匀悬挂3个诱捕器，挂置高度为距地1.5米。每12天添加一次食诱剂。如被雨水冲刷，随后及时补施。对照田：按食诱防治田相应的方法，放置不放食诱剂的三角形诱捕器。

在食诱防治田与对照田，每12天调查一次盲蝽成虫、若虫发生数量。每次调查时，每块田随机调查5个点，每点调查20株，系统调查每个植株上的盲蝽成虫、若虫数量。调查分析结果显示，食诱剂处理田盲蝽种群的增长率明显低于对照田。处理后12天，食诱剂处理对成虫、若虫和整个种群（成虫+若虫）的控制效果分别为63.89%、47.50%、55.41%；处理后24天，对成虫、若虫和整个种群的控制效果分别为64.20%、68.90%、65.08%（表6-4）。这表明，施用盲蝽食诱剂能有效减轻棉田盲蝽的发生。

表6-4　棉田食诱剂对盲蝽种群的控制效果

虫态	处理	处理前百株虫量（7月20日）（头）	处理后百株虫量（8月1日）（头）	种群增长率（%）	防治效果（%）	处理后百株虫量（8月13日）（头）	种群增长率（%）	防治效果（%）
成虫	对照田	4.33±1.86	26.00±3.51	600		15.33±4.10	354	
	食诱防治田	10.00±1.73	21.67±4.81	217	63.89	12.67±2.03	127	64.20
若虫	对照田	5.00±1.53	10.00±1.53	200		15.67±2.33	313	
	食诱防治田	6.67±1.45	7.00±0.58	105	47.50	6.67±2.40	100	68.09
成虫+若虫	对照田	9.33±1.67	36.00±4.73	386		31.00±5.13	332	
	食诱防治田	16.67±2.67	28.67±4.98	172	55.41	19.33±4.41	116	65.08

第七章

烟青虫食源诱控技术

一、技术应用要点

首先收集、提取、分析烟草的主要挥发物，从中寻找对烟青虫引诱能力最强的几种成分，通过大量的室内、田间测试，分析这几种成分的最佳配比制，然后严格按照这一配比，制成食诱剂。再结合取食促进剂和有效的缓释载体，在田间持续释放烟青虫成虫喜好的气味，引诱其聚集到味源取食，最后通过适配的理化方式实现集中灭杀，压低种群数量，达到防控烟青虫的效果。

1. 技术与产品

目前我国市场上的烟青虫食诱剂仅有一种，即深圳百乐宝生物农业科技有限公司生产的"塔巴可"（与中国农业科学院植物保护研究所合作开发的二代产品名为"澳劲特"）。产品主要规格有1升及100毫升装，随产品附赠配套的杀虫剂。外观为高阻隔瓶，产品为淡绿色至淡蓝色的黏稠液体，具有特殊的花香气味，密封的产品可在常温下保存，开封后应尽快使用完毕。

2. 田间应用技术

（1）种群监测。"塔巴可"与适配的诱捕器结合使用（图7-1），能够有效地监测烟青虫成虫的种群动态。一般情况下，每间隔100米放置一套诱捕装置，持效期约为30天。根据烟青

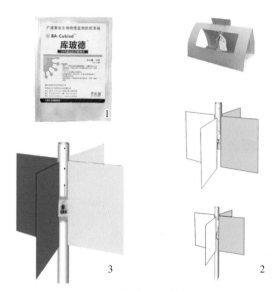

图7-1　食诱剂和诱捕器

1.食诱剂库玻德　2.多种诱捕器　3."十"字形多面诱捕器

虫先取食后交配的发育特征，食诱剂与性诱剂相比，食诱剂在成虫羽化初期作用效果更好。

（2）防治烟青虫。烟青虫食诱剂每亩的使用量仅仅是传统化学农药喷洒量的1/500。烟青虫食诱剂每亩用量一般为100毫升。使用时，烟青虫食诱剂与水1∶1混合并加入适配的胃毒型杀虫剂。如遇雨水冲刷，应及时补施。田间施药方法有以下几种：

①飞机喷洒：这种施药方法适用于面积大且具备飞防条件的田地。喷洒前应确保所有的直线过滤器已拆除或喷嘴关闭，然后可选择与泵相连的短管直接施药，或在喷洒杆末端龙头处连接长度为300～500毫米、直径为12.5毫米的软管施药。施药时飞机在田间"之"字形行进（图7-2），行间距50～100米。施药完毕后，须彻底清洗管道。

②人工叶片滴洒：这是一种简单便捷并具有较好防治效果的施药方法，可替代或减少常规化防。具体做法为：将混配好

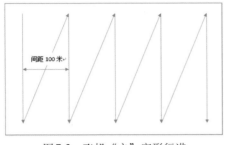

间距 100 米

图7-2 飞机"之"字形行进

的药剂以条带式滴洒至作物间隔处的杂草行或某行作物的成熟叶片上（图7-3），行间距100米。此方法对施药器具无要求，因防雨性能不高，需结合田间成虫发生动态及处理区未来1周左右的天气情况选择恰当的施药时机。

图7-3 叶片滴洒演示及效果

③结合诱捕器使用：这种施药方式的防雨能力最佳，田间持效期最长，但成本相对较高。取配好的药剂倒在诱捕盒底部的塑料垫片上，每亩均匀悬挂3个诱捕盒，悬挂高度0.8～1.5米（取决于作物高度，一般略高于作物顶端15～30厘米）。在成虫发生高峰期，应及时清理盒内诱杀的成虫尸体，以免影响后续诱杀效果（图7-4）。

3.技术效果评价指标

在试验示范过程中，设食诱剂处理田及对照田，处理田仅使用烟青虫食诱剂，而对照田不使用任何防治措施。结果调查尽量保证在一大片田块的中间进行，避免边界效应及其干扰问题。

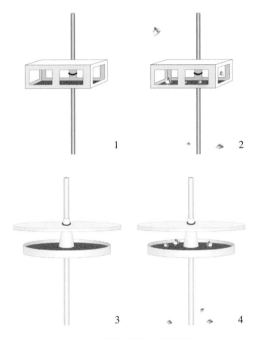

图7-4　诱捕器演示及效果

1.方盒诱捕器　2.方盒诱捕器诱捕效果　3.圆盘诱捕器　4.圆盘诱捕器诱捕效果

（1）诱杀的成虫数量调查。在食诱剂处理田，自施药的第2天起每天调查一次被诱杀的烟青虫成虫以及其他兼治靶标害虫成虫数量，连续7天，7天后每隔1天调查一次，至第13天止。数据录入类似表格（表7-1）。

使用人工叶片滴洒时每块田固定调查5个点，每点为2米长的施药条带，调查施药条带及其周围的烟青虫成虫死亡个体数量（田间虫体如被蚂蚁取食，可以以双翅为依据进行害虫个体计数），计数后将死亡成虫清除，以免下次调查时重复计数。使用诱盒法时每块田固定调查5个诱捕盒，调查诱捕盒内及其周围地上的成虫死亡个体数量，计数后将死亡成虫清除，以免下次调查时重复计数。

表7-1　诱杀害虫数量统计

| | 第1天 | | | 第2天 | | | ... |
	烟青虫	地老虎	...	烟青虫	地老虎	...	
调查点1							
调查点2							
调查点3							
调查点4							
调查点5							

其中，有条件的示范地还可区分诱杀靶标害虫的雌、雄虫，计算诱杀成虫的雌雄比，公式如下：

$$诱杀成虫的雌雄比 = \frac{诱杀雌虫数量（头）}{诱杀雄虫数量（头）}$$

（2）烟青虫卵和幼虫发生情况调查。在食诱剂处理田与对照田，自施药前2天起每3天调查一次烟青虫卵和幼虫发生数量。每次调查时，每块田随机调查5个点，每点调查20株，系统调查每个植株上的烟青虫卵和幼虫数据，记录后将调查过的卵和幼虫移除。数据录入类似表格（表7-2）。

表7-2　施药前后烟青虫卵和幼虫数量统计

| | 施药前2天 | | 施药后1天 | | 施药后4天 | | 施药后7天 | | ... |
	卵	幼虫	卵	幼虫	卵	幼虫	卵	幼虫	
处理田1									
处理田2									
...									
对照田1									
对照田2									
...									

相关计算公式如下：

$$卵的防效 = \frac{对照区卵量 - 处理区卵量}{对照区卵量} \times 100\%$$

$$幼虫的防效 = \frac{对照区幼虫量 - 处理区幼虫量}{对照区幼虫量} \times 100\%$$

（3）植株被害情况调查。在食诱剂处理田与对照田，施药前2天、施药后15天调查2次植株被靶标害虫的为害情况。每次调查时，每块田随机调查5个点，每点调查20株，系统调查被害植株数。数据录入类似表格（表7-3）。

表7-3　被烟青虫为害的植株数量统计

	被烟青虫为害的植株数	
	施药前2天	施药后15天
处理田1		
处理田2		
…		
对照田1		
对照田2		
…		

相关计算公式如下：

$$被害率 = \frac{被害植株数}{调查植株数} \times 100\%$$

$$防效 = \frac{对照区药后被害率 - 处理区药后被害率}{对照区药后被害率} \times 100\%$$

4.局限性及注意事项

（1）局限性。首先，虽然在实际生产中烟青虫食诱剂可诱集多种害虫，但其主要靶标仍应是烟青虫成虫。其次，烟青虫食诱剂的防治原理为"诱—杀"，理论上存在一定的引诱距离（或范围），因此为减少边界效应对防效的负影响，使用面积越大越好。再次，液态的食诱剂易受使用环境影响，如雨水冲刷等，如遇恶劣天气应视具体情况适时补施。

（2）注意事项。

①烟青虫食诱剂本身不含杀虫剂，未配套使用杀虫剂、物理捕杀或使用失效的杀虫剂（例如使用有驱避效果的或靶标害虫有抗药性的杀虫剂）会加重施药区域的虫害发生。为避免失效的情况出现，可在大面积施药前先行开展一次小规模的诱杀试验来验证配套杀虫剂的有效性。

②烟青虫食诱剂使用时需1∶1加水、并加入适量杀虫剂混合均匀，配制好的药剂应在6小时内使用完毕。

③避免在潮湿天气施药，以免药物飘移到邻近区域，尤其是湿地、水体和水道。

④烟青虫食诱剂混入杀虫剂使用时可能对蜜蜂不利，应避免在蜜蜂活跃期用药。如无法完全回避该问题，则应使用速效性杀虫剂，以防取食了产品的侦查蜂返回蜂巢。

⑤施用烟青虫食诱剂时，应阅读并遵守配套杀虫剂标签上的警示说明。

⑥密封好的产品应储存在凉爽、通风的地方，不得在阳光直射下长时间放置。如储存时间超过12个月，建议存入5℃左右的冷库中。

⑦如遇大雨、大风、沙尘等天气，应视具体情况适时补施。

二、应用案例

◆ 案例一：四川西昌烟青虫防治示范

示范试验在四川省凉山彝族自治州西昌市琅环乡桃源村开展（图7-5）。烟青虫食诱剂用量为100毫升/亩，加入速效性杀虫剂，将配置好的药剂平均倒入配套的诱捕器中，每亩2个诱捕器。分别于6月15日、6月30日和7月13日换药3次，第一次烟叶处于团棵期，第二次处于旺长期，第三次处于现蕾期。3次诱杀效果报告表明，烟青虫食诱剂对烟田中几种鳞翅目害虫具有较好的防治效果（图7-6和图7-7），除诱杀大量烟青虫、斜纹夜蛾、甜菜夜蛾外，还发现对斑须蝽、稻绿蝽、金龟子、玉米螟等有较好的诱杀效果，而且该产品操作简单，可大大减少工作量，适于推广。

图7-5 四川西昌烟青虫防治示范

1.安装诱捕器 2.诱杀烟青虫

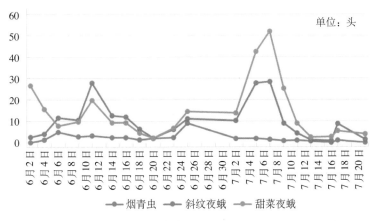

图7-6 食诱剂处理期间诱杀烟青虫、斜纹夜蛾、甜菜夜蛾的情况

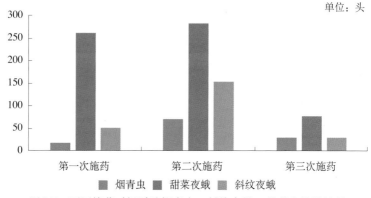

单位：头

图7-7 不同施药时间诱杀烟青虫、斜纹夜蛾、甜菜夜蛾的情况

（本案例数据来源：四川省烟草公司凉山州公司西昌市营销部）

◆ 案例二：湖南永州宁远仁和镇生态烟区烟青虫防治示范

2014年在永州宁远仁和镇生态烟区进行"塔巴可"防治烟青虫的示范。"塔巴可"与水1：1混合，每100毫升"塔巴可"加入适量速效型杀虫剂，搅拌均匀，药剂混合后共200毫升，将混合好的药剂平铺在诱捕箱底部垫片上，每亩3个诱捕器，即每个诱捕器约66毫升混合液。将诱捕器固定在竹竿上，高度高于烟草顶部50厘米左右。自施药翌日起，每日上午10时前调查诱杀靶标害虫的数量，连续调查12天；自施药后10日起，随机选取处理区和对照区各10株烟株，调查记录烟株上的靶标害虫幼虫量。示范区共3组重复。食诱剂"塔巴可"能够诱杀烟青虫、黏虫、斜纹夜蛾以及等夜蛾科害虫，诱杀数据也能反映出各害虫的发生高峰，如烟青虫是5月初，黏虫是5月10日，而斜纹夜蛾在5月初虫量较低。本试验统计了处理区15个诱捕盒，12天内共诱杀89头烟青虫成虫，91头黏虫成虫，59头斜纹夜蛾成虫，82头棉铃虫、银纹夜蛾等其他夜蛾科害虫（图7-8）；处理区的

幼虫量明显低于对照区,示范区总调查量3.7头,对照区16头
(图7-9)。

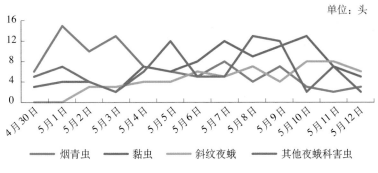

图7-8 "塔巴可"每日诱杀靶标害虫数量

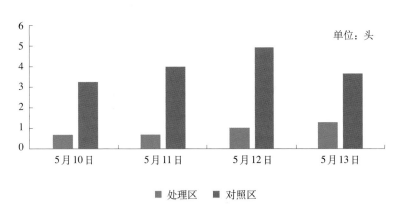

图7-9 处理区和对照区幼虫量

该试验在烟叶生长中期进行,"塔巴可"能够高效诱杀烟青
虫等烟草害虫,有效控制下一代害虫的数量;同时,"塔巴可"
不直接接触烟叶,实现了高效、低毒和安全的防治目标(图
7-10)。

图7-10　永州宁远仁和镇生态烟区烟青虫防治示范
1.示范区展示　2.烟农安装诱捕盒

（本案例数据来源于湖南省烟草公司永州市公司宁远县分公司出具的报告）

◆ **案例三：中国农业科学院烟草研究所烟青虫防治示范**

2013年中国农业科学院烟草研究所在全国7个试验点开展了食诱剂"塔巴可"的试验示范（图7-11），试验品种有NC89、

图7-11　中国农业科学院烟草研究所试验示范

云烟87、中烟100。"塔巴可"与水1：1混合，每100毫升"塔巴可"加入适量的杀虫剂。每亩悬挂4个诱捕器，间距10～15米，离地高度1.5米，每个诱捕盒加入50毫升配制好的药剂，整个烟叶生长季施药2～3次，施药间隔约30天。在田块的中间区域随机定点标记10～20个诱捕盒，每天记录诱捕盒内诱杀的靶标害虫数量。此外，在中间区域选取3个地块，每个地块5点取样，每点调查20株烟株，在第一次施药前和采收前调查为害。结果显示："塔巴可"对烟青虫等夜蛾科害虫诱杀效果好；示范区烟草后期的叶片受害率比前期有明显降低（表7-4）。"塔巴可"雌、雄通杀且诱杀对象往往处于

成虫羽化初期，因此对靶标害虫的田间实际控制效果良好。"塔巴可"使用简便，大幅降低劳动力成本，在各试验示范区，每个种植户均可在8小时内轻松处理面积50亩左右的烟田，适合大面积推广使用。

表7-4　2013年全国七个试验点"塔巴可"使用试验汇总

试验地点	平均每亩诱杀虫量（头）		烟叶被害率（%）	
	主要害虫	所有害虫	施药前	施药后采收前
中国农业科学院烟草研究所即墨试验站	199.2	478.4	9.56	1.82
云南保山市腾冲县界头烟站	228.0	536.8	14.60	2.33
贵州遵义湄潭县烟草公司科技示范园	198.0	481.4	17.57	3.12
河南三门峡灵宝县烟草公司试验点	146.2	347.6	15.28	4.48
甘肃徽县烟草公司试验点	107.6	258.0	7.70	1.80
湖南长沙宁乡县烟草公司科技示范园	178.0	430.8	14.59	3.22
甘肃庆阳正宁县烟草公司试验点	120.4	276.8	10.65	1.97
平均	168.2	401.4	12.85	2.68

注：主要害虫为烟青虫、棉铃虫、斜纹夜蛾、甜菜夜蛾、地老虎。

（本案例数据来源于中国农业科学院烟草研究所出具的报告）

第八章

农作物害虫食源诱控
常见应用技术问答

1. 什么是昆虫引诱剂?

对昆虫特定的某种行为能起引诱作用的物质称为引诱剂。通常是一种或几种化学物质混合物以蒸汽的形式引起昆虫向这种诱源定向移动。

2. 昆虫引诱剂的种类有哪些?

根据昆虫引诱剂在调节昆虫行为过程中发挥的不同作用可将其分为食物引诱剂、性引诱剂、产卵引诱剂、追踪引诱剂和聚集引诱剂等。目前广泛用于害虫防治的有性引诱剂和食物引诱剂。

3. 什么是昆虫食诱剂?

昆虫食诱剂是模拟自然界中昆虫偏好取食的物质,通过缓释载体释放到田间诱集害虫到固定位点取食的植物挥发物和取食促进剂两者的混合物。

4. 什么是食源诱控技术?

食源诱控技术是一项通过模拟合成昆虫在自然界中偏好取食的植物挥发物质,诱集昆虫到固定味源取食,再结合化学、物理等方法将诱集的害虫集中杀灭的绿色防控技术。食源诱控技术以科学、合理、安全的方式达到有效控制害虫的目的。确保农作物生产安全、农产品质量安全和农业生态环境安全。

5.为什么食源诱控技术是一类重要的绿色防控手段？

由于大量和重复使用杀虫剂，造成昆虫的抗药性和环境污染等问题日益严重。目前，国内外均通过有害生物综合治理（IPM）来减少使用化学农药带来的负面影响，食源诱控技术以其无污染、无抗性、易降解等特点成为IPM中重要的绿色防控手段之一。食源诱控技术对生态环境保护、食品安全和人类健康保障都具有重大意义。

6.国内外食源诱控技术的应用现状如何？

在美国、加拿大、澳大利亚等国家已推出一些良好的食源诱控技术，并在相关产业应用，取得了较好的应用效果。如北美康泰公司（Contech Inc.）、澳大利亚百乐宝生物科技有限公司（Bioglobal）、美国瑞思公司（TRECE）等利用食源诱控技术分别在苹果、云杉、棉花、玉米等作物上对害虫进行了良好的防控应用。

我国推出的食源诱控成功技术主要以果蝇、实蝇类食诱产品为主。2012年深圳百乐宝生物农业技术有限公司创新开发出科桐、塔巴可、米瑞德、澳宝丽、澳朗特、澳锐特、澳劲特等一系列食诱剂。这些食诱剂操作简单，省时省工，防治成本合理，可大幅减少化学农药的用量，进入市场后得到广泛认可。

7.诱杀成虫在虫害防治中的特殊意义是什么？

绝大多数昆虫是以卵（或若虫或幼虫）的形式离开母体后，继续发育，经历幼虫期、蛹期至性成熟产生后代，从而完成一个生命周期，进行世代循环。

传统防治方法是通过向卵（若虫或幼虫）这些低防御能力的生命阶段直接喷洒化学农药达到治虫目的。这种方式需要全田喷洒，致使化学农药用量大，使用次数多，易产生抗药性和环境污染等问题，并且成虫有翅阶段会转移为害，对于为害作物的成虫防效有限。诱杀成虫是基于昆虫羽化后需补充营养（如蛋白质、糖分等）以完成身体发育，尤其是完善生殖系统发育的基本原理。诱杀成虫首先从代际繁殖的角度阻断雌、雄成虫交配，使其不能产生下一代，因此诱杀一对成虫，相当于减少数百头幼虫。多次连续使用，能大幅降低处理区害虫种群数量，实现防治目的。其次，诱杀成虫的药剂不需要全田喷洒，省工省时，减少农药用量。因此，诱杀成虫可以减少化学农药的使用，减少环境污染，无论是对农业生产还是生态环境均具有重大意义。

8.国内有棉铃虫食诱剂吗？

有的，棉铃虫食诱剂是将棉铃虫偏好的寄主植物挥发物加棉铃虫取食促进剂的混合物，通过特殊的缓释载体这类混合物会向环境中按确定的比例稳定且持续的释放比作物更具吸引力的引诱信息物质，可以吸引和诱集棉铃虫成虫，有效控制和压低棉铃虫种群数量。大幅度减少化学农药使用，绿色无污染，以高端生物科技实现对作物的杰出保护。该棉铃虫食诱剂由深圳百乐宝生物农业科技有限公司最先引进国内，后同中国农业科学院植物保护研究所合作，对棉铃虫诱集的精准性及在作物花期应用等方面进行了大幅提升或改进，目前，已推出新一代的棉铃虫食诱剂"澳朗特"。

9.国内的食源诱控产品有哪些特点？

（1）使用成本低。首先，食源诱控产品的原料一般不需要极其复杂的化学合成工艺，来源丰富，加工工艺成熟，可进行大规模生产，制造成本不是很高。

（2）适用多种地形、种植方式及寄主。食源诱控产品有3种不同的剂型，结合6种不同的使用方法，可以广泛适用于山地、坡地、平原、露天、设施园艺及蔬菜、果树等多种作物。

（3）毒性低、易降解。棉铃虫食诱剂的原料都是食品级原料，均安全无毒，对作物安全且在自然界中易降解。

（4）专利的高分子昆虫信息素缓释技术。食源诱控产品的缓控释放技术使得高分子化合物与疏水性的植物挥发物相互作用，各种有效活性成分会按照预先设定的浓度比例、时间、空间持续而缓慢地释放到环境中，以保证稳定持续的生物活性和防治效果。

10.棉铃虫食诱剂的技术原理是什么？

棉铃虫是典型的完全变态昆虫，通过卵、幼虫、蛹等发育阶段，最后羽化为成虫从而完成整个世代周期。棉铃虫在羽化后交配前和产卵前，需要寻找和吸食花蜜等植物分泌物来补充能量，满足身体尤其是生殖系统的发育（图8-1）。棉铃虫食诱

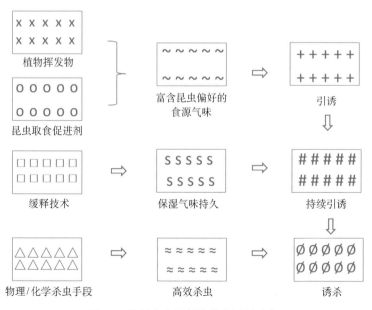

图8-1　棉铃虫食诱剂的技术原理示意

利用仿生原理合成比植物自身挥发物更有吸引力，能够刺激棉铃虫取食的混合物质，再结合独有的缓释技术，将这些物质缓慢释放到环境中，持续稳定地刺激棉铃虫感观器官，管理和调控棉铃虫行为，使棉铃虫产生"定向—集中"行为，再结合辅助手段杀灭棉铃虫，以达到防控棉铃虫的目的。

11.棉铃虫食诱剂的有效引诱距离是多少？

根据棉铃虫食诱剂多年多地的实验数据可知，当施药间隔50米、75米时，对棉铃虫的诱蛾量没有显著性影响，当施药间隔达到100米时，诱蛾量开始下降，当施药距离间隔达到150米时，明显超出了产品的引诱范围（表8-1）。

表8-1　棉铃虫食诱剂不同施药间距对棉铃虫诱集效果的影响

（石河子，2012年）

施药条段间隔	药后不同天数平均每个20米条段诱杀成虫数量（头）										累计每个20米条段诱杀成虫数量（头）
	1天	2天	3天	4天	5天	6天	7天	8天	9天	10天	
50米	11	18	18.5	15.5	13	22	12.5	12.5	11.5	14	148.5
75米	10	17.5	17.5	12	15.5	13	13.5	12	12.5	14.5	138
100米	10	10.5	9	9.5	8	6	3	5	7	2	70
150米	11	10	4	0	5	0	0	0	1	0	31

12.目前，棉铃虫食诱剂有哪几种性状？

目前，棉铃虫食诱剂已成功开发出黏稠状、粉末状、块状三种不同性状（图8-2至图8-4）。

13.棉铃虫有哪些生物学特性？

棉铃虫为多食性害虫，除为害棉花外，还能为害小麦、玉米、高粱、大豆、豌豆、苜蓿、芝麻、番茄、辣椒、向日葵等作物。喜产卵于作物的幼嫩部分，顶尖和顶3嫩叶上卵量约占全

图8-2　黏稠状的棉铃虫食诱剂

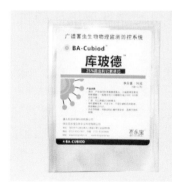

图8-3　方块状的棉铃虫食诱剂

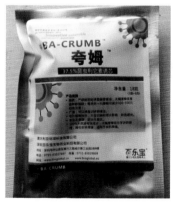

图8-4　粉状的棉铃虫食诱剂

株卵量的85%。羽化当晚即可交配，2～3天后开始产卵，产卵历期6～8天，前3天产卵最多。平均产卵1 000粒，最多可达3 000多粒，成虫能多次交配。棉铃虫有吸食花蜜以补充营养的特性，具趋光性，对光源和萎蔫的杨树叶有趋性。

14. 食源诱控产品可以引诱幼虫吗？

不可以，因为幼虫既不依靠植物挥发物定位寄主也不依赖取食花蜜等物质完成生长发育，故食源诱控产品对幼虫没有引诱作用。

15. 为什么食源诱控产品诱杀的雌性成虫比雄性成虫多？

因为雌性成虫在羽化后不仅需要完成生长发育，而且还需要完成生殖发育，故相较于雄性成虫，雌性成虫对能量的补充和需求必须且强烈。从进化的角度考虑，雌性成虫必须寻找到优质的食源及利于子代生活的场所，所以雌性成虫更乐于选择含有丰富取食促进剂（类似蜜源物质）的食源诱控产品，所以食源诱控产品诱杀的雌性成虫比雄性成虫多。

16. 食源诱控产品可否用于有机农业种植？

可以，食源诱控产品有多种使用方式，有机作物上可以使用不直接接触作物的诱杀方式，有效达到防治目的，且安全性高。

17. 为什么要避免食源诱控产品在作物盛花期使用？

因为作物盛花期，尤其是蜜源作物盛花期，会产生强烈的背景气味。昆虫嗅觉在定向过程中遇到这些强烈的背景气味，可能会掩盖食源诱控产品散发出来的气味，从而干扰其定位目标气味，导致食源诱控产品的诱虫效果不佳，因此，应避开作物盛花期使用食源诱控产品。

18.棉铃虫食诱剂在一天中哪个时段使用最佳？

棉铃虫成虫阶段均具有昼伏夜出的习性，故在一天中的下午4～6时施药效果最佳，施药时避免大风、低温和雨雪天气，如使用的是黏稠状的棉铃虫食诱剂，处理48小时以内出现较大降雨，需酌情补施。

19.棉铃虫食诱剂在虫害发生的哪个阶段使用最佳？

在棉铃虫成虫羽化高峰前1～3天使用效果最佳。

20.什么叫棉铃虫成虫羽化高峰期？

棉铃虫成虫的发生时期可分为始见期、始盛期、高峰期、盛末期、终见期。棉铃虫成虫的发生数量达到累计调查统计总量的50%为高峰期。

21.使用棉铃虫食诱剂时，如何准确确定施药时间，即棉铃虫成虫羽化高峰期前期？

要准确掌握最佳的施药时间，就要较准确地预测棉铃虫成虫羽化高峰期。目前，主要借助棉铃虫性诱芯监测或棉铃虫食诱剂监测成虫羽化高峰期，辅助其他手段，例如利用田间成虫活动监测法、有效积温预测成虫羽化高峰期和太阳能测报灯等从而确定施药时间。

（1）棉铃虫性诱剂监测法。该监测法应从棉铃虫发生期开始。根据国家标准《棉铃虫测报调查规范》（GB/T 15800—2009），采用统一诱芯，按统一规范安装。用直径30厘米的瓷盆或塑料盆为诱盆，内放少量洗涤液或洗衣粉的清水，在盆口上绑有十字交叉的铁丝，在交叉处固定一个大头针或铁丝，针头向上，将橡胶诱芯凹面向下，固定在针尖上，以免凹面内存有雨水，盆内水面距诱芯1厘米，雨季注意盆内盛水量不宜过多，以免因降雨使成虫随水溢出（图8-5）。诱芯使用15天更换一次。

每日早晨检查诱到的雄虫数量。调查结果记录入表（表8-2）。

表8-2　成虫性诱剂诱测记录

日期	盆数或盒数（个）	雄蛾数（头）	平均数（头）	备注
日期1				
日期2				
日期3				
…				
合计				

图8-5　传统的水盆诱捕器

这种监测方法的评价标准为：棉铃虫成虫的发生数量达到累计调查统计总量的16％为始盛期，50％为高峰期，84％为盛末期。连续3天调查未见成虫为终见期。

为了提高棉铃虫种群动态的监测准确率，减少不同诱捕器形状对棉铃虫诱测效果的影响，除了性诱芯加诱盆的办法外，陆续研究出针对不同棉铃虫专用的诱捕器，如桶形诱捕器、船形诱捕器、三角形诱捕器、盆式诱捕器等，用于测报的诱芯除了有橡胶塞状还有细管状，可供测报工作者选择（图8-6至图8-7）。

为了避免种植结构复杂、害虫发育进度不整齐，有些地区采用太阳能测报

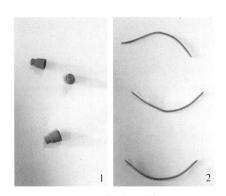

图8-6　性诱芯形状
1.橡胶塞状性诱芯　2.细管状性诱芯

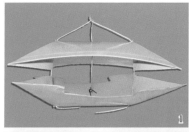

图8-7　常见诱捕器形状

1.船形诱捕器　2.三角形诱捕器　3.桶形诱捕器　4.盆式诱捕器

灯进行棉铃虫种群动态预测，但同时这种方法又受到测报灯故障、周围其他光源及其他条件的影响。另外，测报灯会诱集所有趋光性的害虫，需要专业的技术人员进行鉴定区分统计。测报灯的购买使用成本明显高于购买使用性诱芯，故测报灯适合有专业的技术人员和有条件购买的地区使用（图8-8）。

图8-8　太阳能测报灯

（2）棉铃虫食诱剂监测法。该监测法应从害虫发生期开始，具体方法为使用黏稠状棉铃虫食诱剂100毫升，与水1∶1混配后，加入5克杀虫剂，充分混匀，将配好的药液平均分配到3个多开口的方形诱捕盒内，放入田中，每个诱捕盒间隔100米以上（图8-9）。调查结果记录入表（表8-3）。

图8-9　黏稠状的棉铃虫食诱剂结合多开口式方形诱捕器监测
1.悬挂诱捕器　2.诱捕监测

表8-3　食诱剂诱捕成虫记录

日期	盆数或盒数（个）	雄蛾数（头）	雌蛾数（头）	平均数
日期1				
日期2				
日期3				
…				
合计				

这种监测方法的评价标准为：棉铃虫成虫的发生数量达到累计调查统计总量的16%为始盛期，50%为高峰期，84%为盛末期。连续3天调查未见成虫为终见期。

（3）田间棉铃虫成虫活动监测法。这种监测方法应从棉铃虫成虫始见期开始，选择在一天气温达到足够温暖的时候检查，连续调查3天。具体调查方法为：使用一根4～5米长的竹竿或其他相似物品，在作物的边缘走，用竹竿的两端轻轻碰打两侧的作物，穿行100米（每穿行1次相当于200米），统计白色蛾子数量，完成一行后，间隔10米再继续调查，反复穿行6次（合计为1 200米），完成调查（图8-10）。如果单日调查总量超过6头，后两日调查数量连续增长，视为即将到达成虫高峰期。这种手段可作为辅助手段，不可作主要依据。

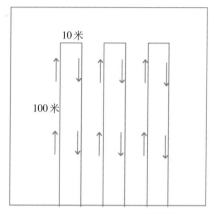

图8-10　田间成虫活动监测法示意

（4）历期预测法。这种监测方法应从棉铃虫发生初期开始，具体调查方法为选择有代表性的田块，5点取样。每点顺行连续调查10株，共查50株。每5天调查一次。调查结果记入表8-4。

表8-4　幼虫发生情况调查

世代_____　　　田块类型_____　　　调查地点_____

日期		有虫株数	各龄幼虫							百株三龄幼虫	百株累计三龄幼虫
月	日		一龄	二龄	三龄	四龄	五龄	六龄	小计		

该监测方法通过调查得知棉铃虫幼虫发生高峰期，再结合该害虫各个虫态的发育历期，可推测出成虫发生的高峰期。

22.黏稠状的棉铃虫食诱剂如何配药？

200毫升瓶装的棉铃虫食诱剂的包装采用人性化设计，既是包装瓶又是配药瓶。药量的实际灌装只是整瓶的一半，另一半用于加水，加至瓶口，正好水与药液形成1∶1的等量配比，再加入微量速效胃毒型杀虫剂，充分摇匀待用（图8-11）。

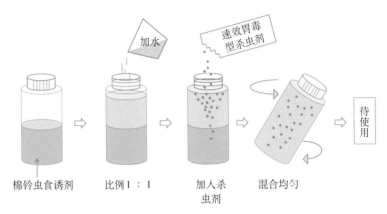

加水

速效胃毒型杀虫剂

待使用

棉铃虫食诱剂　　比例1∶1　　加入杀虫剂　　混合均匀

图8-11　200毫升黏稠状棉铃虫食诱剂配药示意

　　1升装或更大包装，需要专门配药的桶，先将与待配的黏稠状的棉铃虫食诱剂等量的水倒入桶中，再按每升黏稠状棉铃虫食诱剂加入5克杀虫剂的量在水中加入杀虫剂，充分摇匀后，将其加入到待配的黏稠状棉铃虫食诱剂中，再次充分摇匀后，再辅助适当的施药工具使用即可（图8-12）。

23.为什么要添加微量的杀虫剂在黏稠状的棉铃虫食诱剂里？

　　因为棉铃虫食诱剂本身只含有寄主挥发物和昆虫取食促进剂，安全无毒，对棉铃虫只有诱集作用，没有杀灭作用，不添加杀虫剂，无法灭杀害虫。

24.哪些杀虫剂不能添加到黏稠状的棉铃虫食诱剂中？

　　拟除虫菊酯、毒死蜱、NPV（核型多角体病毒）或苏云金杆菌不能添加到黏稠状的棉铃虫食诱剂中使用。

加水

速效胃毒型杀虫剂

食诱剂等量清水　　　　　加入杀虫剂　　　　　搅拌均匀

待使用　　　　　搅拌均匀　　　　　加入棉铃虫食诱剂

图8-12　大包装黏稠状棉铃虫食诱剂配药示意

25. 黏稠状的棉铃虫食诱剂的亩用量是多少？

每亩推荐用量为75～100毫升。

26. 棉铃虫食诱剂的使用方法有哪些？

棉铃虫食诱剂有以下7种常见的使用方法：
（1）飞机喷洒黏稠状棉铃虫食诱剂在作物茎叶上；
（2）机械滴洒黏稠状棉铃虫食诱剂在作物茎叶上；
（3）人工滴洒黏稠状棉铃虫食诱剂在作物茎叶上；
（4）黏稠状棉铃虫食诱剂结合多开口式方形诱捕器使用；
（5）黏稠状棉铃虫食诱剂结合圆形诱捕器使用；

（6）粉状或方块状棉铃虫食诱剂结合三角形诱捕器使用；

（7）粉状或方块状棉铃虫食诱剂结合"十"字形多面诱捕器使用。

27.棉铃虫食诱剂与其他常见引诱方法的区别是什么？

表8-5　棉铃虫食诱剂与其他常见引诱方法的区别

性　诱	棉铃虫食诱剂
性诱仅对雄虫有效	食诱对雌、雄虫均有效，且诱杀的雌虫比例高于雄虫，诱杀更多雌虫有助于更好地控制种群发展
必须配合诱捕器使用	多种使用方式，简单便捷
除极少数性迷向素外，原料合成困难，成本高，大规模商业化推广使用比较困难	原料均为常见的香精香料，易获得，成本相对较低，大规模推广使用在商业上可行
主要用于害虫监测	既可用于害虫监测，又是有效的害虫防治手段

28.黏稠状的棉铃虫食诱剂变干后，是否还有效果？

当黏稠状的棉铃虫食诱剂滴洒到作物茎叶表面变干后，作物自身的茎叶蒸腾作用散发的水蒸气会将其软化，使黏稠状的棉铃虫食诱剂继续发挥对害虫的诱控作用（图8-13）。

29.食源诱控产品是否存在残留和抗药性等问题？

第一，食源诱控产品的核心物质是害虫用来寻找和识别特定的寄主植物的挥发物，这些物质本身就在自然界中存在且易降解；第二，食源诱控产品是一类仿生产品，利用害虫必须通过取食补充能量，才能完成发育，特别是生殖系统发育的原理

大　气
　↑（水蒸气）
气　孔
　↑
叶肉细胞
　↑
根茎叶导管
　↑
根表皮内各层细胞
　↑
根毛细胞
　↑
土壤中的水分

图8-13　植物蒸腾作用

来达到杀虫目的，这个行为是昆虫本身具有的生理行为；第三，食源诱控产品使用方式多样，可不直接接触作物。因此，食源诱控产品不易产生残留、抗药性及环境污染等问题。

30. 食源诱控产品的引诱效果会受到哪些自然条件的影响？

食源诱控产品与其他害虫防治方法一样，都存在一定的局限性，它会受到一些特殊自然条件的影响，如遇到大雨，被雨水冲刷失效而需要补施，又如高海拔会加快挥发速率、加快干固。此外，植物盛花期强大的背景气味也会影响食源诱控产品诱集效果。需要特别注意的是，在面积较小的露天的地块使用食源诱控产品，不仅无法达到防治效果，反而可能会加重用药地块的靶标害虫为害。

31. 使用棉铃虫食诱剂后是否还需要使用化学农药？

棉铃虫食诱剂通过诱杀害虫雌、雄成虫，减少田间害虫卵块数及幼虫数，从而达到防治效果。从多年的试验及推广统计数据来看，害虫防治率达80%～90%。但食源诱控技术的使用效果受到使用时间、棉铃虫田间种群密度、使用方式、自然条件等多种因素的影响，故在使用时需要做好严格的成虫种群动态监测，以达到理想的防效。如棉铃虫成虫种群动态监测值持续偏高，说明已错过最佳用药时期，建议补施适量化学农药。

32. 一亩地的面积是否可以使用棉铃虫食诱剂？

露天小面积地块不建议使用食诱剂，如果是设施大棚则可以使用。

33. 棉铃虫食诱剂的持效期是多久？

棉铃虫食诱剂的持效期因高分子缓释载体的不同而长短不一。黏稠状和粉状的棉铃虫食诱剂在敞开放置7～10天后仍然可以保证核心成分的有效释放，理论持效期可以达到15天，块状的棉铃虫食诱剂持效期可长达20～30天，可满足大部分农业生产中的防治需要。

34. 棉铃虫食诱剂如何实现稳定的持效期？

棉铃虫食诱剂缓控释放技术使得有效活性成分会按照预先设定的浓度、比例、时间和空间持续而缓慢地释放到环境中，并能在一定时间及空间内维持一定的浓度，以保证稳定和持续的生物活性和防治效果。

35. 棉铃虫食诱剂的防治效果如何评价？

棉铃虫食诱剂与化学防治方法同样是通过防效来评价其有

效性，具体做法如下：先设置处理田和对照田，处理田仅使用棉铃虫食诱剂，对照田为空白对照。调查时尽量选择大面积田块进行，避免边界效应。

（1）在棉铃虫食诱剂处理田诱杀成虫。自施药的第2天起每天调查一次被诱杀的棉铃虫成虫数量，连续7天，7天后每隔1天调查一次，至第13天止。

使用茎叶滴洒法时每块田固定调查5个点，每点为2米长的施药条带，调查施药条带及其周围的棉铃虫成虫死亡个体数量（田间虫体如被蚂蚁取食，可以以双翅为依据进行害虫个体计数），计数后将死亡成虫清除，以免下次调查时重复计数。

使用诱盒法时每块田固定调查5个诱捕盒，调查诱捕盒内及其周围地上的棉铃虫成虫死亡个体数量，计数后将死亡成虫清除，以免下次调查时重复计数（表8-6）。

表8-6　诱杀害虫数量统计

	第1天	第2天	…
调查点1			
调查点2			
调查点3			
调查点4			
调查点5			

有条件的示范地还可区分统计诱杀棉铃虫的雌、雄虫数量，计算诱杀成虫的雌雄比：

$$\text{诱杀棉铃虫成虫的雌雄比} = \frac{\text{诱杀雌虫数量（头）}}{\text{诱杀雄虫数量（头）}}$$

（2）棉铃虫卵和幼虫发生情况调查。在棉铃虫食诱剂处理田与对照田，自施药前2天起每3天调查一次棉铃虫卵和幼虫发生数量。每次调查时，每块田随机调查5个点，每点调查20株，系统调查每个植株上的棉铃虫卵和幼虫数据，记录后将调查过的卵和幼虫移除（表8-7）。

表8-7　卵和幼虫发生数量统计

	施药前2天		施药后1天		施药后4天		施药后7天		...
	卵	幼虫	卵	幼虫	卵	幼虫	卵	幼虫	
处理田1									
处理田2									
...									
对照田1									
对照田2									
...									

相关计算公式如下：

$$卵的防效 = \frac{对照区卵量 - 处理区卵量}{对照区卵量} \times 100\%$$

$$幼虫的防效 = \frac{对照区幼虫量 - 处理区幼虫量}{对照区幼虫量} \times 100\%$$

（3）植株被害情况调查。在棉铃虫食诱剂处理田与对照田，施药前2天、施药后15天调查2次植株被棉铃虫的为害情况。每次调查时，每块田随机调查5个点，每点调查20株，系统调查被害植株数（表8-8）。

表8-8　被害株数统计

	施药前2天被害植株数	施药后15天被害植株数
处理田1		
处理田2		
…		
对照田1		
对照田2		
…		

相关计算公式如下：

$$植株被害率 = \frac{被害植株数}{调查植株数} \times 100\%$$

$$防效 = \frac{对照组被害率 - 处理组被害率}{对照组被害率} \times 100\%$$

36. 为什么说食源诱控产品可在成虫产卵前就将其诱杀？

因为成虫羽化后通常在还未完成生殖发育时就需要补充能量，食源诱控产品就充当了最佳的能量补充来源，因而这类害虫还未来得及产卵，就被诱杀（图8-14）。

37. 如何选择棉铃虫食诱剂的最佳使用方法？

（1）飞机喷洒方法适用于面积大且具备飞防条件的田地；

（2）机械滴洒方法适用于面积大且无飞防条件的田地；

（3）人工滴洒使用范围广泛，可适用于大部分寄主作物，但不适用于有机农业种植作物。更不可在家庭周围或家庭园艺中使用。

（4）粉状和块状的棉铃虫食诱剂结合诱捕器的使用方法比较适合于设施农业。

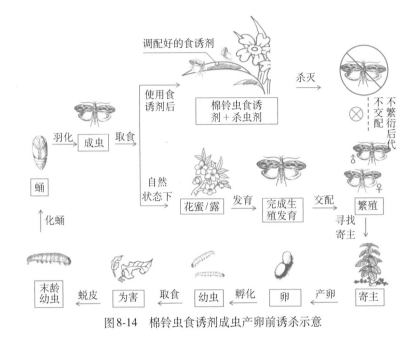

图8-14 棉铃虫食诱剂成虫产卵前诱杀示意

38.如何使用飞机喷洒黏稠状棉铃虫食诱剂?

先将与待配的黏稠状棉铃虫食诱剂等量的水倒入桶中,再按每升黏稠状棉铃虫食诱剂加入5克杀虫剂的量在水中加入杀虫剂,充分摇匀后,将其加入到待配的黏稠状棉铃虫食诱剂中,再次充分摇匀后,加入飞机的药箱中,将飞机的喷药嘴更换为5~25毫米(取决于飞行速度)直径的开口式直管,施药时飞机匀速在田间"之"字形行进,间隔100米左右喷洒一行,根据害虫发生的程度,每10~15亩使用1升黏稠状的棉铃虫食诱剂(图5-3)。

39.使用飞机喷洒黏稠状棉铃虫食诱剂的注意事项有哪些?

(1)务必做好棉铃虫成虫发生动态的监测工作,较准确地预测各世代成虫高峰前期,再开始施药;

（2）使用飞机喷洒黏稠状棉铃虫食诱剂须除去设备上的拐角、过滤网及小口径部分；

（3）施药条带间隔要大于棉铃虫移动的范围，避免已交尾的成虫再进入为害；

（4）务必关注施药当天及施药后3天的天气情况，不可在正午、大风天、雨天施药；

（5）配药时要确保加入有效的杀虫剂，不可使用无效或过期的杀虫剂；

（6）配好的药液要在6小时内使用完毕，未配药液避光通风保存；

（7）施用食诱剂时，应阅读并遵守配套杀虫剂标签上的警示说明；

（8）尽可能与其他害虫防治方法相结合，充分发挥综合防治效果；

（9）施药后需设立警告标识，注意避免人畜及家禽的误食。

40.如何使用机械滴洒黏稠状的棉铃虫食诱剂？

先将与待配的黏稠状棉铃虫食诱剂等量的水倒入桶中，再按每升黏稠状棉铃虫食诱剂加入5克杀虫剂的量在水中加入杀虫剂，充分摇匀后，将其加入到待配的黏稠状棉铃虫食诱剂中，再次充分摇匀后，将混配好的药剂倒入喷药罐中，去除滴洒装置中的转角、过滤网及小口径的雾化口，改为5～10毫米直径的开口式直管，每间隔100米在作物行间匀速行进一行。根据害虫发生的程度，每10～15亩使用1升黏稠状的棉铃虫食诱剂（图5-6）。

41.使用机械喷洒黏稠状棉铃虫食诱剂的注意事项有哪些？

（1）务必做好棉铃虫成虫发生动态的监测工作，较准确地预测各世代成虫高峰前期，再开始施药；

（2）务必拆除农用喷药机械的雾化喷嘴，更换5～10毫米直径的开口式直管；

（3）施药条带间隔要大于棉铃虫移动的范围，避免已交尾的成虫再进入为害；

（4）务必关注施药当天及施药后3天的天气情况，不可在正午、大风天、雨天施药；

（5）配药时要确保加入有效的杀虫剂，不可使用无效或过期的杀虫剂；

（6）配好的药液要在6小时内使用完毕，未配药液避光通风保存；

（7）施用食诱剂时，应阅读并遵守配套杀虫剂标签上的警示说明；

（8）尽可能与其他害虫防治方法相结合，充分发挥综合防治效果；

（9）施药后需设立警告标识，注意避免人畜及家禽的误食。

42.如何人工滴洒黏稠状的棉铃虫食诱剂？

先将与待配的黏稠状棉铃虫食诱剂等量的水倒入桶中，再按每升黏稠状棉铃虫食诱剂加入5克杀虫剂的量在水中加入杀虫剂，充分摇匀后，将其加入到待配的黏稠状棉铃虫食诱剂中，再次充分摇匀后，将混配好的药剂倒入事先准备好的滴洒装置（如矿泉水瓶，尖嘴喷壶等）中，每隔100米以条带式滴洒一行至作物间隔处的杂草或作物的成熟叶片上。根据棉铃虫发生的情况，每10～15亩使用1升黏稠状的棉铃虫食诱剂（图5-5）。

43.人工滴洒黏稠状棉铃虫食诱剂的注意事项有哪些？

（1）务必做好棉铃虫成虫发生动态的监测工作，较准确地预测各世代成虫高峰前期，再开始施药；

（2）选择安全轻便的滴洒工具（如矿泉水瓶，尖嘴喷壶等），确保人身安全且能有效控制流量滴洒在作物叶片上；

（3）滴洒施药条带间隔要大于棉铃虫移动的范围，避免已交尾的棉铃虫再进入为害；

（4）务必关注施药当天及施药后3天的天气情况，不可在正午、大风天、雨天施药；

（5）配药时要确保加入有效的杀虫剂，不可使用无效或过期的杀虫剂；

（6）配好的药液要在6小时内使用完毕，未配药液避光通风保存；

（7）施用食诱剂时，应阅读并遵守配套杀虫剂标签上的警示说明；

（8）尽可能与其他害虫防治方法相结合，充分发挥综合防治效果；

（9）施药后需设立警告标识，注意避免人畜及家禽的误食。

44. 如何将黏稠状的棉铃虫食诱剂结合多开口式方形诱捕器使用？

先将与待配的黏稠状棉铃虫食诱剂等量的水倒入桶中，再按每升黏稠状棉铃虫食诱剂加入5克杀虫剂的量在水中加入杀虫剂，充分摇匀后，将其加入到待配的黏稠状棉铃虫食诱剂中，再次充分摇匀后，将配好的药剂倒在诱捕盒底部的塑料垫片上（图8-15），根据田间害虫发生情况每亩均匀悬挂1～3个诱捕盒，悬挂高度0.8～1.5米（取决于作物高度，一般略高于作物顶端15～30厘米）（图8-16）。

45. 使用黏稠状棉铃虫食诱剂结合多开口式方形诱捕器的注意事项有哪些？

（1）务必做好棉铃虫成虫发生动态的监测工作，较准确地预测各世代成虫高峰前期，再开始施药；

（2）上风口的位置可以多布置一些，下风口的位置适当稀疏一些；

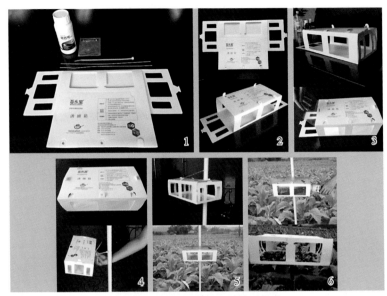

图 8-15　多开口式方形诱捕器组装

1. 整套装置　2. 将诱捕器拉成方形　3. 一端封口后将垫片放入盒中
4. 两端封口后用胶带绑在竹竿上　5. 将诱捕器铁丝拉平后插入田间
6. 将调配好的食诱剂倒入诱捕器

图 8-16　多开口式方形诱捕器演示及效果

1. 棉铃虫食诱剂结合多开口式方形诱捕器　2. 诱捕效果

　　（3）地势不平坦的丘陵地带或种植密度高的作物上诱捕器间距适当缩短，反之，诱捕器间距可以适当拉长；

（4）适时清理诱捕盒垫片上的死虫，不可倒在大田周围，最好在废弃的土地上挖洞掩埋；

（5）诱捕器可以重复使用；

（6）处理区应当隔离或大于棉铃虫移动范围，避免已交尾的害虫再进入为害；

（7）配药时要确保加入有效的杀虫剂，不可使用无效或过期的杀虫剂；

（8）配好的药液要在6小时内使用完毕，未配药液避光通风保存；

（9）施用食诱剂时，应阅读并遵守配套杀虫剂标签上的警示说明；

（10）尽可能与其他害虫防治方法相结合，充分发挥综合防治效果；

（11）施药后需设立警告标识，注意避免人畜及家禽的误食。

46. 如何将黏稠状的棉铃虫食诱剂结合圆形诱捕器使用？

先将与待配的黏稠状棉铃虫食诱剂等量的水倒入桶中，再按每升黏稠状棉铃虫食诱剂加入5克杀虫剂的量在水中加入杀虫剂，充分摇匀后，将其加入到待配的黏稠状棉铃虫食诱剂中，再次充分摇匀后倒在诱捕盒底部的塑料垫片上（图8-17），根据田间害虫发生情况每亩均匀悬挂1～3个诱捕盒，悬挂高度0.8～1.5米（取决于作物高度，一般略高于作物顶端15～30厘米）（图8-18）。

47. 使用黏稠状棉铃虫食诱剂结合圆形诱捕器的注意事项有哪些？

（1）务必做好棉铃虫成虫发生动态的监测工作，较准确地预测各世代成虫高峰前期，再开始施药；

（2）上风口的位置可以多布置一些，下风口的位置适当稀

图8-17　圆形诱捕器组装

1.整套装置　2.将诱捕装置进行组装　3.竹竿从孔柱插入用胶带固定
4.将诱捕器插入田间　5.将调配好的食诱剂倒入诱捕器

图8-18　圆形诱捕器演示及效果

1.棉铃虫食诱剂结合圆形诱捕器使用　2.诱捕效果

疏一些；

（3）地势不平坦的丘陵地带或种植密度高的作物上诱捕器间距适当缩短，反之，诱捕器间距可以适当拉长；

（4）适时清理诱捕器中的死虫，不可倒在大田周围，最好在废弃的土地上挖洞掩埋；

（5）诱捕器可以重复使用；

（6）处理区应当隔离或大于棉铃虫移动范围，避免已交尾的害虫再进入为害；

（7）配药时要确保加入有效的杀虫剂，不可使用无效或过期的杀虫剂；

（8）配好的药液要在6小时内使用完毕，未配药液避光通风保存；

（9）施用食诱剂时，应阅读并遵守配套杀虫剂标签上的警示说明；

（10）施药后需设立警告标识，注意避免人畜及家禽的误食；

（11）尽可能与其他害虫防治方法相结合，充分发挥综合防治效果。

48. 如何将粉状或方块状的棉铃虫食诱剂结合三角形诱捕器使用？

将粉状或方块状的棉铃虫食诱剂药剂悬挂在三角形诱捕盒顶部，诱捕盒底部放上有黏虫功能的垫片（图8-19至图8-20）。根据田间害虫发生情况每亩均匀悬挂1～3个诱捕盒，悬挂高度

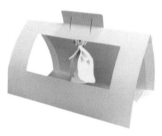

图8-19　粉状的棉铃虫食诱剂结合三角形诱捕器

图8-20　方块状的棉铃虫食诱剂结合三角形诱捕器

0.8～15米（取决于作物高度，一般略高于作物顶端15～30厘米）。

49. 使用黏稠状的棉铃虫食诱剂结合三角形诱捕器的注意事项有哪些？

（1）务必做好棉铃虫成虫发生动态的监测工作，较准确地预测各世代成虫高峰前期，再开始施药；

（2）上风口的位置可以多布置一些，下风口的位置适当稀疏一些；

（3）地势不平坦的丘陵地带或种植密度高的作物上诱捕器间距适当缩短，反之，诱捕器间距可以适当拉长；

（4）适时清理黏虫板中的死虫，不可倒在大田周围，最好在废弃的土地上挖洞掩埋；

（5）诱捕器可重复使用；

（6）处理区应当隔离或大于棉铃虫移动范围，避免已交尾害虫再进入为害；

（7）粉状诱剂每隔10天更换一次，块状诱剂每隔30天更换一次；

（8）尽可能与其他害虫防治方法相结合，充分发挥综合防治效果。

50. 如何将粉状或方块状的棉铃虫食诱剂结合"十"字形多面诱捕器使用？

将粉状或方块状的棉铃虫食诱剂悬挂在诱捕盒顶部，诱捕盒底部放上有黏虫功能的垫片。根据田间害虫发生情况每亩均匀悬挂1～3个诱捕盒，悬挂高度0.8～1.5米（取决于作物高度，一般略高于作物顶端15～30厘米）（图8-21至图8-22）。

51. 使用粉状或方块状的棉铃虫食诱剂结合"十"字形多面诱捕器的注意事项有哪些？

（1）务必做好棉铃虫成虫发生动态的监测工作，较准确地

图8-21 粉状或方块状的棉铃虫食诱剂结合"十"字形多面诱捕器

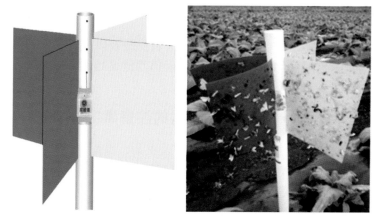

图8-22 粉状或方块状的棉铃虫食诱剂结合"十"字形多面诱捕器效果

预测各世代成虫高峰前期，再开始施药；

（2）上风口的位置适当密布，下风口的位置适当稀疏布置；

（3）地势不平坦的丘陵地带或种植密度高的作物上诱捕器间距适当缩短，反之，诱捕器间距可以适当拉长；

（4）适时清理黏虫板中的死虫，不可倒在大田周围，最好在废弃的土上挖洞掩埋；

（5）诱捕器可重复使用；

（6）处理区应当隔离或大于棉铃虫移动范围，避免已交尾害虫再进入为害；

（7）粉状诱剂每隔10天更换一次，块状诱剂每隔30天更换一次；

（8）尽可能与其他害虫防治方法相结合，充分发挥综合防治效果。

52. 为什么使用棉铃虫食诱剂要进行种群动态监测？

目的是实时了解田间棉铃虫发生动态及防治效果，以便更准确地指导最佳用药时间和用药量。

53. 误食棉铃虫食诱剂怎么办？

虽然棉铃虫食诱剂的原料均为食品级及以上，在没有添加微量杀虫剂前理论上是安全的，但仍然建议如发生误食请及时就医。

54. 使用棉铃虫食诱剂时的注意事项有哪些？

（1）棉铃虫食诱剂本身不含杀虫剂，需配套使用杀虫剂、物理捕杀等方法，实现杀虫目的。不可忘记添加杀虫剂，不可使用失效的杀虫剂或棉铃虫已产生抗性的杀虫剂；

（2）施用棉铃虫食诱剂时，应阅读并遵守配套杀虫剂标签上的警示说明；

（3）配合严格的监测手段，准确施药；

（4）配好的药剂应在6小时内使用完毕；

（5）施用棉铃虫食诱剂时，需要设立警告标识，注意避免人畜和家禽误食；

（6）棉铃虫食诱剂混入杀虫剂使用时可能对蜜蜂不利，应避免在蜜蜂活跃期用药。如无法完全回避该问题，则应使用速杀型杀虫剂，以防取食了产品的侦查蜂返回蜂巢；

（7）密封好的产品应储存在凉爽、通风的地方，不得在阳光直射下长时间放置。如储存时间超过12个月，建议存入5℃左右的冷库中；

（8）如遇大雨、大风、沙尘等天气，应视具体情况适时补施。

55. 使用0.02%多杀菌素饵剂防治橘小实蝇，原液与水如何配制效果最好？

已有试验得出，在田间使用0.02%多杀菌素饵剂防治橘小实蝇时，0.02%多杀菌素饵剂与水的最佳配制体积比为1：4。

56. 食诱剂防治橘小实蝇应在什么时期开展？

果实成熟前半个月左右即可开始，可以在种植园内摆放简易糖醋液诱集装置对害虫暴发期进行预测。

57. 食诱剂装置应该挂在什么位置？

通风阴凉的位置，能够保证食诱剂的气味充分传播，同时避免阳光暴晒导致食诱剂过多消耗。

58. 糖醋液的持效期多长？

与单个装置糖醋液用量有一定关系，平均为3～5天，不低于2天。

59. 0.02%多杀菌素饵剂持效期多长？

理想情况下，0.02%多杀菌素饵剂持效期长达10天以上，但最有效的施药方法为喷药间隔4米，时间间隔9天；喷药间隔8米，时间间隔6天。

60. 0.02%多杀菌素饵剂等蛋白诱剂的使用注意事项有哪些？

应注意两点：一是避免暴晒，二是避免雨水冲刷。所以喷施的时候，尽量喷于叶背。

61. 食诱剂挂瓶如何制作？

可选取常见的500毫升饮料瓶，在瓶子上钻两个或两个以上直径为0.5～1厘米左右的小洞，在瓶内加入蛋白诱剂或者糖醋液，悬挂在果园通风阴凉处即可。

62.防治橘小实蝇的糖醋液如何配制？

常见的白糖或红糖、食醋、白酒、水混合配制即可，制作原料不拘泥于糖和醋，比如将落果烂果放入糖醋液中浸泡，也能取得不错的效果。

63.如何将糖醋液和蛋白诱剂配合防治？

将蛋白诱剂混入糖醋液，或者两者的简易诱杀装置分别有规律的摆放。

64.如何识别斑翅果蝇？

斑翅果蝇的识别要点主要包括如下几点（表8-9）。

表8-9　斑翅果蝇雌、雄成虫的识别

	雄　虫	雌　虫
成虫		
形态特征	雄虫体长2.6～2.8毫米，体色为红棕色或黄褐色。头部着生红色复眼，触角短粗，呈芒羽状，其上着生分支毛；前胸背板淡棕色。翅透明，翅展为6～8毫米，前翅前缘有明显的黑色斑；前足第一和第二跗节上分别着生一簇梳齿3～6根的性梳，与足同向；腹部背面各节后缘黑带不断开	雌虫体长3.2～3.4毫米，头部特征与雄虫无异，胸部前翅无黑斑，前足第一和第二跗节上无性梳，腹节背面有不间断的黑色条带，腹部末端有黑色环纹，产卵器坚硬狭长，突起并有光泽，呈黑色齿状或锯齿状，齿状突起颜色较产卵器其他部位深

65.为什么选择糖醋液诱集斑翅果蝇？

糖醋液是用斑翅果蝇最喜欢的食物按照科学比例制成的诱剂，诱集效果较好；且果园内悬挂糖醋液瓶诱杀斑翅果蝇，持效期长，成本低，省工省时，无污染无残留。

66.怎么配置高效的斑翅果蝇糖醋液诱剂？

红糖、醋、酒和水按 1 ∶ 1 ∶ 3 ∶ 6 的比例混合的糖醋液对斑翅果蝇成虫表现出显著的引诱效果。将配好的糖醋液置于诱捕器中，以 2 ～ 3 厘米深为益。

67.糖醋液诱捕器挂在哪里最好？

将诱捕器悬挂于离地高度 1 ～ 1.5 米通风透光处的果树枝上。因为离地 1 ～ 1.5 米高是果实分布的范围，也是果蝇为害果实时的活动高度。糖醋液在风的作用下将气味散布出去后，在此高度可以更好地吸引及捕捉果蝇。

68.什么时候使用糖醋液？

一般是在果实由青果转红至采摘结束时使用糖醋液诱杀成虫，根据实际使用情况每 3 ～ 5 天更换一次，集中连片使用效果最好。

69.如何提升糖醋液诱杀效果？

糖醋液与黏虫板结合，也可以在糖醋液中加入少许香蕉提升诱杀效果。

70.糖醋液可以彻底防治斑翅果蝇吗？

不可以，没有任何一种药剂可以将斑翅果蝇彻底铲除。糖醋液利用斑翅果蝇对气味的趋性来诱集，诱杀果蝇成虫效果较好。

71.糖醋液还可以防治其他害虫吗？

糖醋液除了可以防治果蝇类害虫，还可以诱集果园中的鳞翅目及鞘翅目害虫，如梨小食心虫、苹果卷叶蛾、草蛉、白星花金龟等害虫。

72.果园落果如何处理可以减轻斑翅果蝇的为害？

捡拾和摘除的落果就地置于塑料袋中，扎紧口袋密封闷杀。7～10天果实腐烂后将烂果埋入土中作肥料，虫果处理袋可重复使用；也可将收集的虫果送往虫果处理池中浸泡灭杀，或喂鱼、喂猪。